秘境寻踪

陈婷 著

人民邮电出版社

北 京

图书在版编目（CIP）数据

秘境寻踪 / 陈婷著. -- 北京：人民邮电出版社，
2020.10
ISBN 978-7-115-54190-1

Ⅰ．①秘… Ⅱ．①陈… Ⅲ．①野生动物—普及读物
Ⅳ．①Q95-49

中国版本图书馆CIP数据核字（2020）第097615号

内 容 提 要

8 年前一次偶然的极地旅行，作者无意中进神奇的野生动物世界，最终成为一名生态摄影师和自然爱好者。本书呈现了作者游历五洲四海，从大陆、鸟和海洋 3 种生境探索这个球上的非凡物种的经历。从南极到北极，从热带到寒带，从非洲草原到热带雨林，再到深邃大海，请随作者一起挑战自我，寻踪秘境。

- ◆ 著　　　　　陈　婷
　　责任编辑　　杜海岳
　　责任印制　　陈　犇
- ◆ 人民邮电出版社出版发行　　北京市丰台区成寿寺路 11 号
　　邮编　100164　　电子邮件　315@ptpress.com.cn
　　网址　https://www.ptpress.com.cn
　　固安县铭成印刷有限公司印刷
- ◆ 开本：787×1092　1/16
　　印张：17　　　　　　　　　2020 年 10 月第 1 版
　　字数：346 千字　　　　　　2024 年 7 月河北第 2 次印刷

定价：88.00 元

读者服务热线：(010)81055410　印装质量热线：(010)81055316
反盗版热线：(010)81055315
广告经营许可证：京东市监广登字 20170147 号

前　言

　　2015年秋天，我独自在瑞典首都斯德哥尔摩旅行，正赶上英国著名野生动物摄影师尼克·勃兰特在"摄影博物馆"（Fotografiska）中举办名为"On This Earth, A Shadow Falls"的展览。他用非同一般的镜头语言展示了非洲大地上的野生动物，画面表现出生命的伟大和悲凉，直击参观者内心。"我们和这个星球上的其他生物其实有相同的情感体验——悲伤、欢乐、孤独，它们并非我们的异类，而应该与人类一样享有平等的生命尊严。"这些年，当我走进动物秘境、成长为一名生态摄影师后，我才开始真正理解尼克这番话的含义。

　　拍摄野生动物纯属偶然，此前我在世界各地游走10多年，陶醉在丰富多彩的人类文明历史之旅中。2012年，我乘坐极地邮轮第一次前往北极的斯瓦尔巴群岛和南极半岛。茫茫天地间，我见识了地球原本的模样，埋藏在心底的某些东西被唤醒了，那是来自大自然的呼唤。从此，我将目光投向那些荒无人烟的远方，从遥远的极地开始探索起"动物星球"的奥秘。

　　拍摄野生动物非常辛苦，对于毫无野外经验的我来说，时时都面临着挑战，甚至人身危险。我不是研究人员，也不是非政府组织（NGO）的环保工作者，一切动力皆来自对大自然的好奇与热爱。接下来的几年中，我的旅行版图逐渐扩大到全球生态热点地区：先后6次赴非洲第一大岛——马达加斯加，4次进入秘鲁境内的亚马孙雨林，3次到访俄罗斯远东地区的堪察加半岛。从日本北海道的知床半岛、厄瓜多尔的加拉帕戈斯群岛、博茨瓦纳的奥卡万戈三角洲、纳米比亚的荒漠、津巴布韦的原始丛林、巴西的潘塔纳尔湿地到智利的百内国家公园，我都留下了值得铭记终身的旅行记忆与珍贵的影像。

　　随着对野生动物的了解越来越多，我的观念也在不知不觉地发生着变化。我曾经像大多数人一样，前往水族馆、动物园观看鲸豚表演，欣赏猩猩、老虎、棕熊杂耍，与人工喂养的狮子合影，当时没有感觉任何不妥，直到走进这些动物的家园，用镜头记录它们的日常生活时，我被这些野生环境下自由自在的生灵深深地打动了。尽管生存不易，它们却顽强面对，迸发出生命的光辉。大自然才是真正了解它们、进行科普教育的最好地方。

　　我决定整理一下这些年的所见所闻，于是便有了《秘境寻踪》这本书。本书按照生境划分为大陆、岛屿和海洋3个部分。"非凡大陆追兽"介绍了我在亚洲、非洲、欧洲和南美洲遇见的位居食物链顶端的猛兽们；"独特岛屿猎奇"带领大家了解那些由于地理上的绝缘而造就的奇特珍稀物种；"辽阔海洋观鲸"则汇集了我在全球各地观察鲸这种代表性海洋物种的经历，从一个摄影师的视角记录了这些动物的生存状况。

　　可能会有朋友问我，为什么不拍中国的野生动物？首先，我认为动物是无国界的，那些迁徙的鸟儿可曾办过护照和签证？提及某个国家或者地区的特有物种时，或许你对它们的了解正是来自英国广播公司（BBC）或者美国国家地理拍摄的纪录片，你是否又在乎拍摄者的国籍呢？其次，因为语言优势和丰富的国外旅行经验，我有更多在国外采访和拍摄的机会。当然，中国的生态资源和野生动物同样非常吸引我，我已经将其列入了未来几年的拍摄计划。

在这个蔚蓝色的星球上，人与野生动物的关系或许从未和睦过。人类一直视自然界为可无限开采的资源库，直至上个世纪才开始对濒临灭绝的物种展开保护工作。在人类发展史上，我们一直试图远离恶劣的自然条件，远离动物的干扰，如今却恍然醒悟：人类同动物、环境和谐共处才是我们的生存之道。希望这本书可以让更多的人了解大自然的美好，认识到保护野生动物家园的重要性。

如果说2012年出版的文化旅行书《婷，在荷兰》标志着我从外企职业经理人到环球旅行者、自由撰稿人和独立摄影师的转型，那么3年后出版的《零度南极》一书则将我从以前的人文领域推向了自然领域，而这本书意味着我在生态旅行、写作和拍摄的道路上越走越远。这是一种艰苦，但是对于我来说非常有意义的工作和生活方式。在这个过程中，我实现了知识、情感和价值观的"三合一"，在行走中了解野生动物的奥秘，学习如何与自然共生。旅行拓展了我生命的宽度，野生动物则给我上了人生中非常重要的一课。

▲ 2010 年，作者在南非私人保护区观赏野生动物

目 录

第一部分　非凡大陆追兽 / 8

巴西：湿地泽国追美洲豹 / 12

智利：百内偶遇美洲狮 / 20

芬兰：美妙的仲夏夜之约 / 25

印度：中央邦寻虎记 / 32

南非：邂逅"无冕之王" / 40

南非："豹山"遇猎豹兄弟 / 43

南非：铁轨上的猎游 / 46

南非：顶级营地的丛林冒险 / 49

纳米比亚：闯入埃托沙的"魔力盐沼" / 53

纳米比亚：大漠幻影 / 57

纳米比亚：狂野的北方旱地追踪 / 63

纳米比亚：给"非洲大猫"一个家 / 68

博茨瓦纳：非洲野犬"王朝" / 71

博茨瓦纳：乔贝草原上的传奇狮群 / 75

博茨瓦纳："大猫"天天见 / 79

博茨瓦纳：食草动物秘闻 / 82

俄罗斯："棕熊王国"堪察加半岛 / 86

俄罗斯：缥缈仙境遇熊记 / 90

俄罗斯：神一般存在的"玛莎陛下" / 96

俄罗斯：森林中的"素食米沙" / 101

第二部分　独特岛屿猎奇 ／ 104

马达加斯加："失落的世界" ／ 108

马达加斯加：密林深处的大狐猴"唱诗班" ／ 113

马达加斯加：狐影魅踪 ／ 117

马达加斯加：我被狐猴咬伤了 ／ 122

马达加斯加："太阳的崇拜者" ／ 126

马达加斯加：第一处世界自然遗产的"刀山奇观" ／ 131

马达加斯加：迷失在梦幻"石林星球" ／ 134

马达加斯加：夜探"马岛幽灵" ／ 140

斯瓦尔巴：寒冷的呼唤 ／ 143

斯瓦尔巴：极北之城，出门请带枪 ／ 148

斯瓦尔巴：探秘中国黄河站所在的"北极村" ／ 152

斯瓦尔巴：勇闯"北极熊王国" ／ 155

斯瓦尔巴：北极狐的夏日盛宴　三趾鸥的梦魇时刻 ／ 161

斯瓦尔巴：我很丑，但我有"象牙" ／ 165

斯瓦尔巴：诗一般的驯鹿荒原 ／ 168

斯瓦尔巴：世界尽头最美的风景暗藏危机 ／ 174

加拉帕戈斯：登陆"魔幻岛" ／ 177

加拉帕戈斯：远古巨龟传奇 ／ 181

加拉帕戈斯：回到侏罗纪 ／ 184

塞舌尔：见证幸福"龟生" ／ 190

印度尼西亚：科莫多"寻龙记" ／ 194

马达加斯加：奇异爬虫世界太魔幻 ／ 202

马达加斯加：欢迎来到"变色龙星球" ／ 206

第三部分　辽阔海洋观鲸　/　212

南极：座头鲸的"极地狂欢"　/　216

南极：这个"海洋杀手"不太冷，有点萌　/　220

南／北极：极地处处有"鲸"喜　/　224

亚南极海豚秀　/　227

加拿大：世界上最棒的观鲸之旅　/　232

冰岛：北纬 66° 观鲸记　/　236

阿根廷瓦尔德斯半岛：南露脊鲸的摇篮　/　239

秘鲁：亚马孙河的"粉红诱惑"　/　243

堪察加半岛：虎鲸物语　/　246

北海道：深海来的"方头怪"　/　250

斯里兰卡：请对蓝鲸温柔些　/　253

中国台湾：对面的海豚看过来　/　256

马达加斯加：座头鲸飞舞印度洋　/　260

南非：赫曼纽斯的"报鲸人"　/　266

印度洋：微笑与旋转的天使　/　269

棕熊
（芬兰）

美洲豹
（巴西）

剑羚
（纳米比亚）

美洲狮
（智利）

第一部分　非凡大陆追兽

棕熊
（堪察加半岛）

孟加拉虎
（印度）

花豹
（博茨瓦纳）

河马
（南非）

从非洲到南美洲，再到亚洲，从草原、荒漠、湿地、雨林到火山湖区，这些年来我一次次扛着长焦镜头，穿行在这些荒无人烟的土地上，记录下非凡大陆上的一个个传奇物种，如"非洲五霸"（非洲狮、野牛、非洲象、犀牛和花豹）、智利的美洲狮、巴西的美洲豹、印度的孟加拉虎、俄罗斯的棕熊……之所以青睐这些重量级的猛兽，不仅因为它们是自然界中力量、勇气和智慧的代表，更因为它们是这个星球上情感非常丰富的生物之一。然而，虽然处于食物链的顶端，它们在地球上的境遇却并不乐观。

提起非洲大陆的野生动物，东非肯尼亚的动物大迁徙恐怕是人们最津津乐道的。然而，由于各种机缘巧合，10年来我始终对南部非洲情有独钟。南非、纳米比亚、津巴布韦和博茨瓦纳，正是在这些国度中，我认识了机敏迅捷的猎豹、凶猛狡诈的花豹、善于群体作战的狮子以及高度社会化的非洲野犬……每一次邂逅都让我激动不已，它们充实了我对于神奇非洲的想象，也让我深深地眷恋上了这片土地，先后去了不下10次。

驱车猎游这种既安全又能有效地观赏野生动物的形式最早起源于非洲。时间拉回到2010年6月的一个清晨，地点是南非。现在闭上眼睛，我似乎还能嗅到那天早晨空气里青草的味道，猎豹兄弟那身金色的皮毛在洒满晨光的苇草里若隐若现。虽然在这场历时3小时的猎游中没能见到"非洲五霸"的任何成员，只有年轻的猎豹兄弟向我款款走来，但是跟随它们在草原上游荡的那种感觉十分美妙。

5年后重返南非，我已经从当年游客级的"小白"晋级为生态摄影师。当绝大多数游客走进著名的克鲁格国家公园寻找野生动物时，他们不知道就在公园西南端的萨比河畔有片占地超过600平方千米的私人保护区，在那里一天之内看到纯野生状态的"非洲五霸"很轻松。在专业向导和追踪手的陪同下，我连续完成了8场猎游，其间还遭遇过两次花豹有惊无险的袭击，明白了什么是真正的野生世界。

非洲从不缺奢华营地和高品质的猎游服务。近年来，被法国LVMH集团纳入旗下的贝尔蒙德（Belmond）酒店避开游客聚集的东非塞伦盖蒂大草原，选择了盛产钻石的内陆国家博茨瓦纳，在这个备受纪录片导演青睐的南部非洲生态圣地一口气打造了3座奢华营地。开放落地签后的2019年6月，在贝尔蒙德宽河营地和乔贝国家公园的大象营地，我终于如愿以偿，感受了一番"水上非洲"的精彩。

在南部非洲诸国中，我最欣赏纳米比亚，曾经3次造访，留下了诸多珍贵的回忆。古老的纳米布红沙丘下，两头剑羚正在专心角斗；夜幕下的埃托沙国家公园，黑犀母子在月光下静静地沐浴；西部骷髅海岸腹地，雌狮姐妹深情相拥。每每将这些珍贵的画面定格在镜头中，我总有种不太真实的感觉，俨然进入了BBC拍摄现场。最近一次在纳米比亚旅行，我在干涸的河谷中露营，在沙海交界处追踪沙漠大象和旱地雄狮，还有珍稀的黑犀。总之，这是一个时刻都能带给你惊喜的国度。

美洲大陆上的顶级掠食者非美洲狮和美洲豹莫属。在智利南部的百内国家公园，美洲狮就是这里的一个终极传奇。它是西半球地域分布最广的掠食者，从北美的洛基山脉到南美的安第斯山脉都能见到其踪影。但它也是最害羞的"大猫"，独来独往，行踪诡秘，在野外很少与人类直面相遇。很幸运，初探百内，我便偶遇美洲狮母子，还是在疾驰的车上，我竟然是第一个发现它们的人。

相比之下，追踪美洲豹要容易得多，这得益于它的栖息地——潘塔纳尔（Pantanal）湿地良好的生态环境。这个世界上最大的热带湿地（面积达 24.2 万平方千米）位于巴西西南部。"Pantanal"在葡萄牙语中意为"沼泽湿地"。每年雨季（12 月至来年 5 月），河水会淹没四分之三以上的地方，但也滋养了这里的土壤和植被，使其成为全球生物多样性最丰富的生态系统之一。这里被世界自然基金会（WWF）誉为"世界上最生机勃勃的栖息地之一"，野生动物的密度相当高，单单美洲豹就多达 2000 多头。

潘塔纳尔湿地的生物种类不逊于亚马孙雨林，而且这里草多树少，视野开阔，更适合观察野生动物。11 月，南半球的雨季刚刚开始，追寻美洲豹是个辛苦活儿，每天河上搜寻长达 10 小时，曝晒、暴雨袭击和蚊虫叮咬是"标配"。然而，在看到一对美洲豹兄弟在距离我六七十米的地方捕鱼，展示它们的动人世界的那一刻，我深深地感到一切辛苦都是值得的。

告别南半球，走进地广人稀的北欧。6 月仲夏夜，白日漫长，棕熊游荡在芬兰境内位于北极圈附近的森林中。我躲在拍摄掩体里，看着熊妈妈带着两头三四个月大的毛茸茸的熊孩子经过，大气都不敢出。然而，3 个月后，我的拍熊之旅便升级到"2.0 版"：没有任何掩体，直面十几头棕熊，地点就在有"棕熊大本营"之称的库页湖——位于俄罗斯远东地区的堪察加半岛。清晨，掀开帐篷，看着太阳从火山后面升起，棕熊们喘着粗气，不慌不忙地从湖边走过，它们在逆光下的身影显得格外雄健。母熊忙着召唤顽皮的小熊，那场面温馨感人。与熊共享日月光辉，这样的时刻在我的生命中无比珍贵。我连续 3 年来到堪察加半岛，从湖区到森林，这个星球上可以与猛兽如此近距离接触的地方为数不多了。

在亚洲的另一侧，南亚次大陆上的"森林之王"向我发出邀请——孟加拉虎在丛林里咆哮。尽管 4 月的气温已经飙升到 40 摄氏度，但我还是扛着"大炮"义无反顾地走进印度中央邦的坎哈国家公园。清晨，我认识了希勒姆（Xilom），一头漂亮的雌虎。在众目睽睽之下，它试图袭击一头斑鹿，未果后开始巡视领地，完成一头成年老虎每天的必修课。十余天里，我辗转于不同的国家公园进行拍摄。在印度这样的人口大国，野生动物的境遇竟比想象的要好得多，真是让人不可思议。

多年来探寻野生动物的旅行，让我对生态摄影有了更加深入的理解。一个好的生态摄影师无法忽略生境：野生动物摄影不能仅限于动物本身，更要记录下它们的家园。在"非凡大陆"上，野生动物故事的发生地多为所在国的代表性国家公园或者保护区，它们犹如一扇扇窗口，让我们得以从中窥见当地人和政府对于野生动物的态度，毕竟它们的未来掌握在人类的手中。

巴西：湿地泽国追美洲豹

时　　间：2019 年 11 月
地　　点：马托格罗索国家公园（Pantanal Matogrossense National Park）
　　　　　潘塔纳尔保护区（Pantanal Conservation Area）
关键词：美洲豹

　　一头年轻的美洲豹慵懒地趴在岸边的灌木丛中，正一丝不苟地舔着爪子。5 分钟前，它刚刚吃了一条鲇鱼。而它的兄弟此刻还在河岸边忙碌着，丝毫不在意 50 米开外我们的围观。相对于大名鼎鼎的亚马孙雨林，潘塔纳尔这块世界上最大的热带湿地恐怕才是巴西最适合生态旅行和摄影的地方吧。

美洲豹威严地注视着我们，潘塔纳尔湿地是世界上现存美洲豹最多的地区

　　从圣保罗飞往巴西西南部的小城库亚巴（Cuiabá）的飞机满员，我注意到机上大多数是当地人。这座城市是马托格罗索州（Mato Grosso）的首府，是距离北潘塔纳尔（Northern Pantanal）湿地最近的机场所在地。11月，南半球的雨季已经开始了，并非前往潘塔纳尔旅行的最佳时间。这是一次临时决定的安排，有些仓促。到底能否看到美洲豹，我和同伴心里都没有底。

　　此前联系的当地摄影师朱利诺派助手何塞和妹妹艾米丽来接我们。巴西是葡萄牙语国家，何塞的英语水平一般，于是我们用西班牙语混杂着英语进行交流，倒也基本无碍。中午在通往潘塔纳尔的门户小镇波科内（Poconé）用过餐后，我们向马托格罗索国家公园进发。20世纪70年代修建的穿越湿地的公路竟然长达145千米，足见湿地面积之大。

　　从地图上看，潘塔纳尔湿地位于南美大陆的正中央。由于受到安第斯山脉形成之前的大规模地壳挤压运动的作用，它的三面被高地环绕，中间是地势平坦、略有坡度的潘塔纳尔大平原。平原上河流蜿蜒密布，发源于巴西高原的南美第五大河——巴拉圭河向南流到此处。河水带来大量的沉积物和土壤侵蚀的残余物，淤积起来形成沼泽湿地，造就了这个生物多样性的摇篮。说是湿地，其实这里森林、湖泊、沼泽和草原各种地貌兼具，形成了一个面积庞大、复杂多样的生态系统。

　　因为气候的缘故，潘塔纳尔一年中有两副截然不同的面孔。雨季，河水暴涨，三分之二的土地被水淹没，湿地的水平线陡然上升了3～5米，在平地上形成无数大小不一的湖泊和池塘，转眼间成为水乡泽国。经过旱季煎熬的动物们开始在一片汪洋中"狂欢"，直到第二年5月，水位下降，湖泊缩小，池塘干涸。此时，潘塔纳尔变成草原，高温下的鸟兽苦苦挣扎，焦急地等待雨季的到来。如此自然循环，年复一年。

　　11月中旬，雨季刚刚开始，绿意盎然。我期待在沿途可以看到野生动物，然而最先映入眼帘的是草地上成群的奶牛，它们被长长的栅栏圈围起来。我感觉进入了一片水草丰美的大牧场。何塞告诉我，这里98%的土地为私人所有，大部分用作牧场，放牧也是唯一被允许在马托格罗索国家公园外围进行的人类活动。雨季淤积而形成的沙质和黏质土壤早已不适合农业种植，好在旱季时土壤相当干燥，很适合发展畜牧业。尽管人类活动频繁，这里仍被世界自然基金会评为全世界保护得最好的湿地之一。

　　正午，在热带炎热的阳光下，一切生命都变得慵懒起来。路边的鸟很多，常见的除了绿鱼狗、黑领鹰和大食蝇霸鹟，还有各种水鸟。我第一次见到了裸颈鹳（Jabiru），这种1米多高的大鸟与鸵鸟的高度相仿，却没有丧失飞行能力，被视为潘塔纳尔湿地的标志性鸟种。俗称"水葫芦"的凤眼蓝（Water Hyacinth）遍布水塘，层层叠叠，其间闪烁着许多亮晶晶的东西。定睛一看，我吓了一跳，原来水里挤满了大大小小的凯门鳄（Caimen），其数量之多，让人瞠目。我以前在亚马孙雨林中见到的鳄鱼最多一次也不过十几条，而这里动辄就是几十条挤在一起，

而且距离公路仅数十米，这顿时颠覆了我对于眼前的这种田园牧歌式画面的印象。如此众多的牲畜与凶猛的野生动物共处一地的场景我还是第一次见到。

▲ 水豚

听说这种中小型鳄鱼在潘塔纳尔竟然有 1000 万条之多，真令人难以置信。很快我便验证了这个说法，凯门鳄无处不在，但凡有水的地方，几乎都可以看到浮出水面的圆溜溜的眼睛。在草地上晒太阳的凯门鳄也不少，它们如雕塑般张着大嘴一动不动。在最后两晚所住的度假村中，我房间前面的小水塘里也有不少凯门鳄——"与鳄同眠"，听起来是不是很刺激？好在它们在天黑以后才出来活动、觅食。同样成群出现的还有南美特有的物种水豚（Capibara）——世界上最大的啮齿动物。在潘塔纳尔的日子里，我与水豚始终处于每天"开门即见"的状态。它的啮齿目小兄弟刺豚鼠的数量也不少，别看这种动物生性胆小，却常常出现在开阔的道路中间，有个风吹草动便立刻窜进灌木丛中。

4 小时后，我们来到公路的尽头，一条宽阔的大河——库亚巴河（Cuiabá River）横在我们的面前。若夫里港（Pôrto Jofre）到了。这个位于潘塔纳尔湿地北部的小渔村在 20 年前还名不见经传，随着穿过湿地的公路开通，越来越多的游客涌入，使得这里的旅游业逐渐发展起来。若夫里港成为人们探寻美洲豹之旅的起点，跟随专业向导乘坐快艇前往美洲豹密度最高的地区，目击率在九成以上。

"欢迎来到潘塔纳尔。"我的摄影向导朱利诺是一个有着深棕色皮肤和高颧骨的潘塔纳尔

▲ 食蟹狐母子

原住民，他的英语和西班牙语都说得非常流利。我注意到他身上的美洲豹文身很酷。曾为渔民的朱利诺在 1999 年就开始带领客人看美洲豹，至今已经整整 20 年了。我和同伴两人是他今年接待的最后一批客人。看美洲豹也有季节性，只在旱季的 5 月到 11 月。

第二天早上 7 点，我们坐上朱利诺的快艇，沿着库亚巴河开始搜寻。进入雨季后，水位上升了不少，河道两岸的树木很快便只会露出树冠了。作为美洲大陆的顶

▲ 库亚巴河岸是邂逅美洲豹的理想地　　　　　　　　▲ 南美貘

级掠食动物，独来独往的美洲豹生性凶猛，行踪诡秘。它们栖息在人迹罕至之处，很难被发现。然而，和亚马孙雨林相比，潘塔纳尔的美洲豹更容易见到。因为湿地中的植被矮小，视野开阔，而且在旱季时动物们大都聚集在水源附近，河岸成为美洲豹的最佳觅食地。另外，坐船搜寻拍摄也十分安全。除了具备超凡的眼力，朱利诺寻找美洲豹的秘诀之一是听鸟儿的警报声。如果有美洲豹在地面上走动的话，鸟儿便会有所反应。

很快，通过无线手台朱利诺得知前方有美洲豹现身，于是我们立刻全速赶往现场。潘塔纳尔的向导之间互通信息，毕竟偌大一片湿地，靠一己之力很难在短时间内发现美洲豹。"有时候客人为了独享机位，不想让我通知其他船，我就告诉他，如果你这样做，那么下次别人也不会告诉你信息。"朱利诺的一番话让我想到原始人狩猎需要集体合作，现代人看动物同样也需要信息共享。

岸边已经聚集了 3 条小船，顺着向导手指的方向，我看到大树下的阴影里趴着一头成年美洲豹，侧面的轮廓十分威严。朱利诺认出这是一头雌豹，远处还有一头雄豹。我们安静地等待着。10 分钟后，美洲豹起身，它健硕的身形让我吃了一惊。本以为美洲豹是猫科家族中体形较小的一种，实际上它在猫科中排名第三，仅次于狮和虎，是西半球最大的猫科动物。它慢悠悠地走进丛林，只留下一个健硕的背影。"你确定它没有怀孕吗？"我问朱利诺。朱利诺说："它的腹部没有向两侧突出，应该只是吃饱了而已。"这头"胖妞儿"颠覆了我对美洲豹的认知。据说由于分布地域不同，美洲豹个体的体重差异很大。潘塔纳尔湿地食物充足，这里的美洲豹体形最大。

当天下午，我们又遇见了一头更年轻的美洲豹。这次它很配合地出现在河边开阔的地方，伸向河岸的粗壮树根显然是它钟爱的晒日光浴的场所。我打量着面前的这头披着一身橘黄色皮毛的美丽"大猫"，它身上的豹纹呈玫瑰花状，但没有花豹的斑点匀称。"玫瑰花"里还有小斑点。美洲豹属于豹亚科豹属，但其体形更接近虎，好像披着豹纹外套的虎，难怪又被称作"美洲虎"。据说美洲豹与花豹最大的区别竟然是脾气，毕竟在食物链中的地位不同。美洲豹是南美洲的顶级掠食者，它们想吃谁就吃谁，不把别的动物放在眼里。而花豹就不同了，前有狮子，后有鬣狗、非洲野犬等；好不容易捕猎成功了，它们还要东躲西藏，自然警觉得多。果然是生

境造就习性。

　　面前的这头美洲豹状态很放松，然而眼神有些忧郁，也许是因为它的日子太好过了，有些无聊吧。它趴在树桩上让大家拍了个够，才起身回到岸上的树荫下倒头大睡。我们又等了半小时。"看它呼吸十分急促，应该进入深度睡眠状态了，我们不用再等了，它这一觉要睡到天黑了。"朱利诺决定去别的地方试一试。午后赶上一场阵雨，雨后的收获是发现了一个正在享用美餐的巨獭（Giant Otter）家族。这种有着"河狼"美誉的水栖肉食哺乳动物濒临灭绝，它们在潘塔纳尔的小日子却过得很滋润，经常能见到巨獭捧着肥美的河鱼大快朵颐。

　　第二天一早，听说浅滩上发现了一头带着两个幼崽的雌性美洲豹，于是我们决定去碰碰运气。遗憾的是，老远听到动静后，这一家三口立刻躲藏了起来，我只看到草丛中的雌豹转瞬即逝。带着幼豹的雌豹非常警觉，因为它们在这个时期容易遭到成年雄豹的袭击。好在下午在另一处堤岸，我们很幸运地遇见了一对一岁半左右的美洲豹兄弟。按说美洲豹是"独行侠"，除了交配期，很难见到它们结伴而行。估计这兄弟俩离家时间不长，还需携手捕猎才能生存下去。

　　美洲豹是猫科动物里的佼佼者，游泳、爬树、跳跃等样样在行，且捕猎技能高超。本期待能拍到美洲豹捕食凯门鳄的精彩场面，结果只等到了这对亚成年兄弟给我们上演如何抓鱼。只见美洲豹沿着河岸巡视，不慌不忙地将鱼赶到浅水区。由于它背对着我们，只能看到它用爪子捣鼓了几下，便叼着鱼转身跳上堤岸。美洲豹刚趴下打算开吃，一抬头看到大家的"长枪短炮"

扫码观看

巴西巨獭正在大快朵颐

对准了它，觉得不妥，吃条鱼还要被围观，索性起身叼着鱼钻进了草丛中。真是个小气鬼！另一处，它的兄弟刚吃完鱼，正舔着爪子洗脸，一副心满意足的神情。这里食物过于丰盛，我不知道还有哪儿的"大猫"像潘塔纳尔的美洲豹这般逍遥自在。

美洲豹是典型的机会主义者，它的食谱可以拉个长长的单子，食物种类达 87 种。除了凯门鳄，水豚和食蚁兽也是美洲豹的最爱。由于捕食对象并非速度型动物，加上湿地的地形也不利于长途奔袭，所以美洲豹多采用"守株待兔"的方式，潜伏在暗处，等待猎物靠近。它也会慢慢地接近猎物，等到了合适的距离便一跃而起，咬住猎物的喉咙，直到猎物窒息才松开。美洲豹的咬合力惊人，可以直接用犬齿咬碎鳄鱼的头骨。

最后几天为了拍摄食蚁兽，我们住进了湿地外围的度假村。那里也有美洲豹出没，更多的时候它是在夜间行动。然而靠近人活动的区域时，美洲豹不敢贸然进犯。于是每到傍晚，聪明的水豚便会拖家带口转移到酒店附近的草地上，安静地吃着草，有时多达上百只。如此和谐的画面也只有潘塔纳尔才可以看到吧。

附：潘塔纳尔保护区

潘塔纳尔保护区于 2000 年被列入世界自然遗产名录，位于巴西马托格罗索州西南部和南马托格罗索州。该保护区由 4 个部分构成，总面积达 1878.18 平方千米。潘塔纳尔保护区拥有全球动植物最密集的生态系统，已知有 3500 种植物、656 种鸟类、159 种哺乳动物、263 种鱼类和 98 种爬行动物，其中包括南美热带雨林中的五大兽（美洲豹、鬃狼、食蚁兽、巨獭、南美貘），以及众多的凯门鳄、水豚、亚马孙森蚺等。

▼ 小食蚁兽母子，这种树栖的食蚁兽日间多隐蔽在树上

在库亚巴河边刚刚捕捉了一条大鱼的美洲豹正警惕地盯着我们

智利：百内偶遇美洲狮

时　　间：2016 年 12 月
地　　点：百内国家公园（Torres del Paine National Park）
关键词：美洲狮

　　我不是徒步爱好者，但是智利的百内国家公园激起了我远足的欲望。澎湃的瀑布、巍峨的山峰和壮观的冰川，最美的风景往往没有捷径可以抵达。脚在地狱，眼在天堂，本来就是独一无二的体验，在这个过程中我竟然还偶遇了美洲狮……

▼ 路边山坡上的美洲狮母子，右边为一岁左右的雄性小美洲狮

2016年底，在刚刚完成第八次南极之旅下船后，我决定在智利旅行10天。飞机降落在智利南部的港口城市蓬塔阿雷纳斯（Punta Arenas）的小机场。纳塔莱斯港（Puerto Natales）扼守着麦哲伦海峡，是著名的百内国家公园的门户，也是户外探险者的大本营。百内的西文名字"Torres"原意是"塔"，在这里引申为"峰"，而"Paine"是巴塔哥尼亚高原上的原始部落语言中的词汇，意为"蓝色"。"蓝色的群峰"，一语道出了这个国家公园的亮点。说它是地球上最美风景的前5名一点也不为过，这里也是世界顶级户外徒步圣地。

1959年成立的国家公园被崇山峻岭环抱，地势险要，道路狭窄。汽车贴着山脚行驶，另一侧便是湖泊，冰川融水形成的湖泊呈现出绿松石般令人惊叹不已的色彩，那是由湖中大量的岩石微粒和矿物质造成的。目之所及，皆旷世美景，我迫不及待地想来张打卡照，然而一拉开车门，差点被吹飞了。百内的风力不容小觑，这里常年刮大风，难怪树木全都东倒西歪。在接下来的几天中，我算领教了天气的变化无常。这里经常阴晴不定，云也是千变万化。在极地行走多年，我已经熟悉了类似的气候。风光摄影师就青睐有脾气的大自然。

一定要住在国家公园里才不辜负时间和美景。百内在智利的地位，相当于中国的九寨沟和美国的黄石国家公园。但智利人宁愿保持原生态的环境，国家公园里的旅游设施有限，酒店寥寥，规模都不大。我们选择了位于格雷冰川湖畔的LAGO GREY酒店，房间宽大的落地窗外，冰川和湖泊一览无余。在百内的第一个夜晚，我站在露台上，注视着群山逐渐沉寂，天空由绯红转为深蓝，清冷的月光洒在湖面上，冰川隐在黑暗中。这些年来，我几乎每个月都在世界的某个地方欣赏着不一样的风景。飞越千山万水，不就是为了这一刻吗？

刮了一夜的风，第二天又是晴空万里。我兴致勃勃地踏入"众神角力"之地，冷峻巍峨的百内主峰群位于整个公园的中心，无论你走在哪里都可以仰望它的身姿。其中最著名的当数百内角峰，奇特的地质结构为它赢得不少声誉。这组由花岗岩组成的火山链上面覆盖着一层黑色板岩，经冰川侵蚀后柱顶变成了曲面，两侧则十分陡峭，中央的山峰高达3050米。"角峰三塔"吸引了不少热爱攀岩的勇士，风光摄影师更是对它着迷不已。

这里的22条徒步路线合称为W环线，全长约105千米，走完全程至少需要6天。百内三塔、法国谷和格雷冰川位于W环线自东向西方向的3个顶端，可从三塔开始沿顺时针方向走，也可从格雷冰川开始沿逆时针方向走。途中建有成熟的营地，徒步节奏基本固定，沿途可以欣赏到冰川、湖泊、峡谷和山峰等壮丽多姿的风景。由于时间有限，我的意大利籍向导沃特尔推荐了一条短途路线，起点在格朗台瀑布附近。位于两个湖泊之间的格朗台瀑布落差仅15米，上游的冰川融水夹带着冰川沉积物倾泻而下，水流湍急，响声震天。从观景台望去，在崇山峻岭之间，碧波婉约的湖泊尽收眼底。

夏季的百内绿草茵茵，大概是这个星球上最美的国家公园之一了。那些从未见过的美丽植物让我一次次驻足，比如状如靴子的"仙女鞋"（Sand Lady's Slipper，学名"杓兰"）以及有

着淡雅的绿色花纹的兰花——"马赛克兰花"
（拉丁学名：*Chloraea magellanica*）。然而，也
有不和谐的一幕：成片白森森的枯木怪异地
散发着死一般的沉寂。沃特尔告诉我，那些
是被山火烧毁的树木残骸。自 1985 年以来，
百内已经遭受了 3 次严重火灾。第一次是一
名日本游客在宿营时不慎引燃了 100 多平方
千米的林地。2005 年初，又有一名游客违章
在林区内烧烤引起火灾。由于强风不止，森
林火灾难以扑灭，这场大火又毁坏了 100 多
平方千米的林区，其中几乎一半是原始森林。
最近一次大火灾发生在 2011 年，直接受损的
林区面积达 120 平方千米。这些都给国家公
园留下了永久的伤痕。

上帝赐予百内的不仅是举世罕见的美景，
还有众多珍稀野生动物。作为南美大陆重要
的自然生态保护区，40 多种哺乳动物和 105
种鸟类栖息在此。1978 年，百内国家公园被
联合国教科文组织授予"世界生物圈保护区"
称号。此刻，头顶上盘旋着我仰慕已久的安
第斯神鹫［又称为安第斯神鹰（Cóndor）］，
它们是生物链顶端的王者，分布在安第斯山
脉及南美洲西部的太平洋海岸，是西半球最
大的飞行鸟类，也是世界上最长寿的鸟类之
一。在百内国家公园中，我第一次近距离观
察这种动物。那是一只年轻的雄鹰，可以清
楚地看到它的颈部底端环绕着白色羽毛，两
翼上有很大的白斑，头上有一个暗红色的肉
冠。它在空中盘旋时的姿态很优美——双翼
水平张开，初级飞羽末端向上。由于没有支
撑大型肌肉的胸骨，安第斯神鹰主要以滑翔
的方式飞行。

▲ 作者在百内国家公园
▼ 优雅的"马赛克兰花"

很快，在前方的路旁我又发现了几只，它们聚在一起。很明显，这里有它们喜欢的食物。停车后，我们小心翼翼地走上前去，躲在一块大石头后面观察。原来草地上有一头小羊驼的尸体，不仅吸引了安第斯神鹰和南美凤头卡拉鹰，南美灰狐（South American Grey Fox）也闻迅赶来。它们默默地聚拢在小羊驼尸体的周围，都在观察别的动物的一举一动。安第斯神鹰是主导者，它们开始不慌不忙地低头享用美食，南美凤头卡拉鹰像个跟班儿，在一旁伺机而动。南美灰狐似乎有所畏惧，不敢过于靠近。

途中，路旁还出现了一只南美犰狳（Pichi），这可是生活在中南美洲的特有濒危物种。小家伙藏头露尾，躲在路旁的灌木丛里。它本是夜行性动物，行踪隐蔽，也很害羞，听到动静后，便"嗖"地一下钻进洞里。

当地最常见的野生动物是栗色羊驼（Guanaco），在见到它们之前，大家都很期待。沃特尔不以为然地说："它们太容易看到了。"为了躲避天敌美洲狮，羊驼喜欢待在人类活动频繁的地方，路旁常常三五成群，过马路时也不避让车辆。最多的一次，我们看到了20多头。第二天早上，当我们沿着湖边公路行驶时，沃特尔自言自语道："怎么今天一头都没有呢？"这一带路边一直有很多羊驼。我留意观察四周，在疾驶的车道上无意间往山上一瞥，竟然看到山坡上有两头大型动物。在两秒钟内，我判断出那是美洲狮。"美洲狮！"我喊出声来，立刻让司机停车，然后拉开车门冲了出去，激动得都端不稳相机了。

▼ 为了躲避美洲狮，栗色羊驼经常聚集在公路旁

美洲狮堪称百内国家公园的一个终极传奇，尽管从北美洛基山脉到南美安第斯山脉都有它们出没的踪影，但这些"大猫"生性孤僻且较为敏感，在自然界中与人类鲜有直面相遇。大部分智利人都没有见过美洲狮。百内国家公园里数量庞大的羊驼为它们提供了充足的食物，因而这里成为全球密度最大的美洲狮栖息地，但巴塔哥尼亚高原食物链顶端的这些王者的数量也不过 50 余头。

这两头健硕的美洲狮中，毛色较浅的是雄性幼狮，个头已经超过雌狮妈妈了。美洲狮母子也看见了我们，但雌狮十分淡定。它们显然不喜欢直面人类，雌狮镇定自若地带着幼狮转身离去，中途还停下来观察了片刻。看到它们不慌不忙地消失在山后，我这才喘了口气，这次偶遇前后不超过 3 分钟的时间。沃特尔说这是他今年第二次见到美洲狮，看样子雌狮是带着孩子出来练习捕猎的。难怪今天羊驼都不见了，估计嗅到气味后，它们早就躲得远远的了。

"它们会伤害人吗？"我问道。毕竟美洲狮奔跑的速度可达到 70 千米 / 小时，平地能跃出八九米远。"极少发生这种情况，除非它们饿极了，或者觉得有危险。"沃特尔说，"美洲狮捕猎成功的概率很高，这里的食物足够它们吃了。"这次邂逅让我颇为得意，因为我竟比向导先发现了它们，而且是在高速行驶的车上。也许得益于近些年的观鸟经历吧，我的眼力多少练出来了些。

傍晚，我们又来到佩赫湖等候落日，看着夕阳将角峰上的黑色板岩和积雪一点点染成金色，仿佛燃烧了起来。湖中倒映出"燃烧的角峰"奇景，待那层金黄逐渐褪去后，背后的天空换上了浪漫的粉紫色。月亮升起来了，最后一抹阳光退出了天际线，天空由蓝色转为粉红，角峰后飞起一缕孤独的烟云。圆月高悬，月明星稀，四周寂静无声。我默默地收起相机，坐在湖边，感受着这里的广阔和苍茫，回想着白天的奇遇。多少年后，我依旧会怀念这个夜晚和那对美洲狮母子……

日落后的百内国家公园角峰美景

芬兰：美妙的仲夏夜之约

时　　间：2017 年 6 月
地　　点：库萨莫（Kuusamo）
关键词：棕熊、狼獾

　　从掩体的观察口向外望去，仲夏夜的芬兰，天空如白昼般明亮，一道炫目的双彩虹下，整个森林都笼罩在金色之中。棕熊从林中踱出，惊起一片鸥鸟。感谢大自然为摄影师搭建了如此梦幻的舞台，让我遇见此生最难忘的风景。

▼ 芬兰与俄罗斯接壤的北部森林中生活着 1000 多头棕熊

　　2017 年 6 月，北欧的仲夏夜即将到来之际，我再次来到芬兰。18 年前作为诺基亚公司的中国总部员工，我第一次踏上这片土地的情景还历历在目。从电信行业的职场经理人到野生动物摄影师，是截然不同的两种人生。对于芬兰这个国家，我自然也有着不一般的情感。

　　我们抵达芬兰北部的奥卢（Oulu）。走出机场后，一位金发小伙子上前向我伸出手，带着芬兰人的腼腆自我介绍说："我是安迪，你们此行的拍摄向导。"从奥卢向东开了 215 千米后，我们进入了芬兰东部的边界小城库萨莫。有着 140 年历史的库萨莫位于北极圈以南 60 千米，每年夏季，因为极昼的缘故，这里成为观赏和拍摄野生动物尤其是棕熊的最佳地点——与俄罗斯交界的森林里游荡着大约 1500 头棕熊。

　　一提起大型野生动物，欧洲似乎一直都被忽略。然而，在地广人稀的北欧，森林面积广阔，是寒带和亚寒带动物的理想居所。芬兰的野生动物摄影在业界有着特殊的地位，20 世纪 90 年代，芬兰的摄影师开始在动物栖息地搭建简易掩体进行拍摄。这种方式安全有效，距离更近，在光线和环境方面也讲究了许多。如今芬兰的野生动物拍摄已经形成了一个成熟的产业，境内有大约 200 处拍摄掩体。此行的接待方是北欧自然摄影旅行社 Finnature，创始人为芬兰知名野生动物摄影师亚里·佩尔托迈基（Jari Peltomki），专门组织拍摄棕熊、狼獾以及鸟类的摄影团，一年四季都可以安排。细数我在世界各地与大型野生动物的邂逅，其中八成是乘坐敞篷吉

▼ 在掩体中过夜，晨曦时分终于等到棕熊现身林间

普车驰骋在国家公园和保护区，其余是坐船和徒步，偶尔使用直升机从空中进行拍摄。这些无不是主动搜寻，而使用掩体、坐等动物上门还是第一次。

▲ 狼獾

除了棕熊，芬兰东部边陲的森林还是狼、猞猁和狼獾等掠食者的领地。我们先来到位于列克萨（Lieksa）的狼獾拍摄基地 Wildlife Lodge of Keljanpuro Brook。基地的主人埃罗是一位身体瘦小的老人，森林中的这栋木屋便是他的办公室。埃罗的公司 Erä-Eero Wildlife Photographing & Watching 除了为摄影师提供拍摄服务外，也面向一般游客开展野生动物观赏活动。

傍晚进入掩体之前，埃罗在屋后的空地上为我们烤华夫饼。这是芬兰人十分喜欢的一道甜点。香甜的华夫饼抹上蜂蜜和果酱，我们边吃边聊。"掩体拍摄需要食诱野生动物，这会对它们的自然生活造成影响吗？"我问埃罗。"这种方式可以最大程度地避免打扰野生动物的正常生活，但喂食是有限制的，包括食物的种类和数量。一定要用安全的食物，食物种类要上报给当地的环境管理部门审批。另外，不能对它们的自然行为产生影响。比如棕熊，它的主要食物还是得靠自己捕猎获得，投食只是小部分。"也就是说，食诱只是给它们一点小点心而已。生态摄影需要以尊重野生动物为前提。

今晚拍摄的主角是狼獾，对于我来说相当陌生。这家伙其貌不扬，好像棕熊的小兄弟，实际上它属于鼬鼠家族，与松貂、水獭和獾有着亲缘关系。生活在北方亚寒带地区的狼獾披着一身厚厚的毛，十分耐寒。阿拉斯加、加拿大北部、北欧和西伯利亚都是它的活动范围。然而，由于狼獾行踪诡秘，属于夜行动物，因此人们对这种掠食动物的了解甚少。"狼獾的数量比棕熊还要少，而且行踪飘忽不定。"埃罗的介绍愈发引起了我的好奇。"好在这一地区有大量驯鹿和野兔，是狼獾理想的觅食地。这里生活着大约 20 头狼獾，约占芬兰狼獾总数的 10%，应该是整个北欧最容易见到它们的地方。"

傍晚，我们带着水和食物进入森林中的掩体——绿色的简易木屋，要一直待到第二天早晨 7 点。每栋木屋只能容纳两位摄影师，空间非常局促；除了座位，仅放了一块床板，角落里有一个迷你卫生间。操作台上配备了云台，不需要使用脚架。我将相机架好，通过观察口（掩体正面上方的一条玻璃）注意着周围的动静。正前方有几棵小树，埃罗将吸引狼獾的一部分三文鱼肉挂在树上，另一部分用石头在树下压好。一切就绪，坐等它造访了。

夜间是动物最活跃的时候，极昼的夜空明亮依旧。晚上9点过后，林子里突然有了些许动静。只见一头狼獾鬼鬼祟祟地跑过来，东张西望。这个狡猾的家伙行动迅速，叼起石头下的鱼肉就跑。为了够到树上的鱼肉，狼獾两三下就爬上了树，身手十分矫健。它甚至径直跑到掩体的观察口正下方；似乎感觉到了我们的存在，它好奇地向上张望，龇了下牙，雪白锋利的牙齿给我留下了深刻的印象。

别看这种动物个头不大，却十分凶猛。它既有狼的残忍，又有獾一样的体形，因此得名狼獾。它长着圆脑袋和圆眼睛，毛发蓬松，弓着背，像一头小号的棕熊配了一条貂尾，难怪又被称作貂熊。狼獾能跑，还能上树，游泳技术也很高超，堪称"多才多艺"。据说狼獾能以50千米/小时的速度追捕比自己的体形大5倍的猎物，强有力的爪子和牙齿能撕裂猎物坚硬的骨头，甚至敢和棕熊一较高下，绝对是战斗力爆棚的主儿。它的钩状爪子特别厉害，电影《金刚狼》中金刚狼罗根的原型就是狼獾。

第二天，埃罗带我们来到他搭建在维卡提湖边的一处掩体。掩体前面有一片开阔地，背后的森林高大茂密，风景很美。这次埃罗竟然放了一个大猪头在木桩后面。"狼獾今天的伙食不错哦。"晚上11点，我爬起来换同伴去休息。刚坐到观察口前，我突然发现神秘嘉宾现身了，竟然是一头棕熊，我顿时惊呆了。只见它慢悠悠地从森林中走出来，径直走向猪头。我赶忙跳起来叫醒同伴，然后回到观察口前手忙脚乱地操作相机。来回一折腾，动静有点大，棕熊察觉到了，飞快地从地上叼起猪头转身就跑。它拖着笨重的猪头，边跑边回头看，好像担心有人追出来，一副做贼心虚的样子。没想到堂堂的森林猛兽竟然是这副"熊样"。

我这才恍然大悟，原来棕熊才是埃罗为今晚设定的目标。我这下子来了精神，再也不敢合眼。一晚上先后来了两头棕熊，一公一母。公熊的毛色更深，体形更大，目光威严。母熊体形较小，神情也温柔了许多。母熊的头部毛色较浅，胸口还有白毛，应该是头刚成年的小母熊。两头棕熊在距离掩体80米左右的地方愉快地享用着美食，然后沿着湖边慢慢地溜达，最后消失在森林里。估计今晚有棕熊在此，狼獾自动回避了，整晚都没有出现。

接下来，我们移师位于卡努（Kainuu）的马丁塞尔卡南自然保护区（Martinselkonen Nature Reserve）。这里的拍摄环境更好，棕熊数量也更多。我们在木屋掩体内住了两个晚上。这个自然保护区内原本很难遇到小熊，然而今年非常幸运。一头母熊生了两头小熊，它几乎每天都会带着小熊前来用餐。晚上11点刚过，它们果然准时出现了。我从掩体右侧的观察口望去，刚好看到母熊带着两头3个月大的熊孩子从森林里走出，经过我们的木屋下面时最近只有几米。我激动地看着小熊连蹦带跳地跟在母熊后面，直奔藏着三文鱼骨的地方而去。

小熊胸前的"白围脖"十分漂亮。由于还没断奶，它们对三文鱼骨的兴趣不大，更愿意相互推搡着，追逐鸥鸟，或者嗅嗅花草，对周围的一切都充满了好奇。小熊要与母熊一起生活3年之久。在此期间，它们需要学习多种生存技能：捕猎、躲藏、自我防御等。小熊最大的敌人是成年公熊，由于附近有很多大公熊出没，母熊格外小心。一次，小熊刚从林子里出来走到半道，母熊就发出警报，小家伙一溜烟儿地跑回林子里躲了起来。

　　此行的最后一处拍摄掩体位于森林深处，走进去有 1 千米左右。掩体被野生针叶林包围着，这片针叶林向东延伸，直至穿过西伯利亚。这一夜，为了那口食儿，狼獾与棕熊斗智斗勇，熊来它跑，熊走它来。棕熊边吃边回头看着掩体，狡黠的眼神分明在说："我知道你在那里。"第二天继续守夜。凌晨 5 点多，突然下起了大雨。半小时后，雨停了。我打起精神耐心等待，这时林子上空挂上了一道双彩虹，越来越炫目。森林中走出一头棕熊，在一片金色的辉光中踱步，周围鸥鸟飞舞。在芬兰的民间传说里，熊有着令人崇敬的神秘地位。当地人外出猎熊时，往往会举行一些神圣的仪式。那一刻，我相信熊是有灵性的，它果然是森林的守护神。

　　这就是我在芬兰森林掩体里的拍摄故事，仲夏夜与野生动物的美妙约会。

▼　雨后，彩虹、鸥鸟和棕熊构成了一幅梦幻般的图画

带着两头 3 个月大的小熊，母熊需时刻提防大公熊的出现

印度：中央邦寻虎记

时　间：2019 年 4 月
地　点：坎哈国家公园（Kanha National Park）
　　　　潘池国家公园（Pench National Park）
　　　　班达迦国家公园（Bandhavgarh National Park）
关键词：孟加拉虎

　　在印度坎哈国家公园中，我有幸认识了希勒姆，一头 7 岁的雌虎，4 个孩子的母亲。作为野外种群最大的虎亚种，三分之二的孟加拉虎栖息在印度的 50 多个保护区里。这次旅行让我对印度的生态环保管理水平刮目相看。

▼ 希勒姆是一头能干的雌性孟加拉虎，成功养育了 4 个幼崽

清晨 6 点不到，在印度中央邦的坎哈国家公园门口，敞篷吉普车已经排起了长队，游客们在晨曦中耐心地等候国家公园开门。气温很低，我把酒店提供的毛毯披在身上，不时有小贩上前推销望远镜和各种零食。趁向导去办理入园手续，我特意数了下排队的吉普车，竟然只有区区 20 辆。每天国家公园只开放两场吉普车游览。为了避免对野生动物造成干扰，国家公园限制游客人数，旺季需要很早预订。我们在 3 个月前订了 4 场吉普车游览。

进入 4 月，印度中部德干高原的气温飙升得很快，早晨微寒，过了 10 点，气温便迅速上升到 30 多摄氏度，午后更高达 40 摄氏度。这种早出晚归的猎游已经持续五六天了，每天我们冒着高温穿梭在各个国家公园中，只为用镜头记录下南亚次大陆上的鸟兽生灵。最期待的自然是兽中之王——孟加拉虎（Bengal Tiger），印度的象征之一。

孟加拉虎是世界上数量相对较多的虎亚种，也是唯一能在野外被观看和拍摄到的虎。至于虎的其他亚种，如西伯利亚虎、印度支那虎、苏门达腊虎等，几乎很难在野外见到。虽然数量最多，但作为世界自然保护联盟“濒危物种红色名录”中的濒危物种，野生孟加拉虎也仅存不到 4000 头而已。印度是其最大的分布地，保护区由印度国家老虎保护局（National Tiger Conservation Authority，NTCA）负责管理。据世界自然基金会的统计，全球孟加拉虎的数量在持续增长，由 2006 年的 1411 头大幅增加到 2018 年的 2967 头。其中，印度的数量最多，占全球孟加拉虎总数的 75%。截至 2018 年，印度的国家公园、野生动物保护区和保护森林之间的缓冲地、连接带和移徙走廊的数量从 43 个增加到 100 个，为孟加拉虎提供了较为良好的生态环境。

此行我选择了位于印度中央邦的 3 个知名的国家公园：坎哈、潘池和班达迦。位于那格浦尔市郊外的坎哈国家公园每年只在 11 月至次年 5 月开放，6 至 10 月因季风原因关闭。现在是 4 月初，虽然错过了最佳季节，但是看到老虎的概率还是相当高的。6 点，公园大门打开，车辆沿着一条崭新的柏油路鱼贯而入；这样条件的道路在印度很少见，不愧为印度最好的国家公园之一。只是这样美好的乘车体验只持续了 15 分钟，车子便又驶入了土路。颠簸与尘土是印度吉普车游览的“标配”。

整个公园睁开沉睡的双眼苏醒过来：葳蕤的森林郁郁葱葱，斑鹿与水鹿在草地上安静地吃草。在蜿蜒的林间小道上，步伐轻盈的小鹿向我们投来好奇的一瞥后便跳开了。灰叶猴在头顶的树上嬉戏，不时有枝叶从天而降。对于吉普车和车上的人类，它们早已熟悉，都不会正眼去瞧一下。但是，对于天敌——老虎，它们可要打起十二分精神了。

我正沉醉在大自然的美景中，司机突然停下车。“发现什么了？”向导向我做了个手势，意思是保持安静。他听到了灰叶猴发出的警报叫声。我们就这样停在路边，听着那忽高忽低的声音在林子上方回荡。印度的国家公园为了不干扰野生动物的生活，不使用任何人工追踪设施，不给老虎戴定位项圈，甚至吉普车上都不安装对讲系统，向导完全凭借经验找寻野生动物。灰

叶猴则是一个很好的"帮手"，它们可以爬到高高的树上进行观察，一旦发现老虎、豹子的踪迹，立刻通知同伴，顺便通知我们这些游客。向导确定前方的灌木丛中有一头豹子（不知道他怎么判断出来是豹子而不是老虎的），它应该在睡觉。灰叶猴就在上面的树上监视着，不断发出警报叫声。然而，等了十几分钟也没有任何动静，我们决定换个地方试试。

　　树木遮天蔽日，形成了一条郁郁葱葱的隧道。黎明时分，食草动物刚刚度过紧张的夜晚，变得活跃起来，它们成群结队地来到草原上觅食，依旧保持着高度的警觉。虽然老虎留下的足迹显而易见，但看到它不是一件容易的事。好在我对于过早找到老虎或者豹子不是特别上心，因为 8 点之前丛林中的光线很暗，倒不如坐在车上欣赏自然风景。

　　坎哈国家公园建于 1955 年，是印度最早的野生动物保护区之一。作为印度第二大孟加拉虎保护地，坎哈国家公园占地 2000 多平方千米，以稀树草原和丘林为主。这里的食草动物种类繁多，有白肢野牛（又称为印度野牛）、白斑鹿、水鹿（又称为黑鹿）、泽鹿、赤麂、野猪、印度黑羚等，兽类包括孟加拉虎、花豹、亚洲胡狼和懒熊等，另外还有 300 多种鸟类和数十种爬行动物，形成了一个完整的生物圈。

　　这里除了孟加拉虎，还有一种特别稀有的动物——泽鹿的恒河亚种（Swamp Deer，又称为印度泽鹿、沼鹿）。它们栖息在恒河流域的开阔森林中和草原上，雄鹿长着漂亮的鹿角和长长的体毛。坎哈国家公园近 10 年来最重要的动物保护成就之一，就是从几近灭绝的边缘拯救

▼ 坎哈国家公园，每天进入的吉普车限量限区域活动

了这种"最帅的鹿"。由于人类的猎杀，印度泽鹿的数量一度下降到 66 头，现在坎哈国家公园中印度泽鹿的数量回升到 400 多头。

坎哈国家公园对游客开放的区域分成 10 个部分。为了避免车辆集中，干扰老虎的生活，管理者分散安排游客的行车路线。今天早上，我们进入坎哈区寻找野生动物。前方发现了老虎的踪迹，几辆吉普车停在路边。我们赶到时，正好看到在 200 米开外，"森林之王"正踱着沉稳的步子，从林中慢慢走到一块开阔的地方，然后掉头进入另一片森林。向导推测出它出来的方向，我们便开车在外面的小道上等候。半个多小时过去了，它终于走了出来。向导对这头虎很熟悉："这是希勒姆（Xilom），今年 7 岁。它的 4 个孩子快两岁了，个头都快赶上妈妈了。它每天都要来巡视这片领地。"只见希勒姆很镇定地从吉普车前走过——它早已习惯了人类的围观，径直走到一棵大树下，在距离我们不过 50 米的地方卧了下来。

我终于有机会打量一头野生老虎了。希勒姆的个头比东北虎小，毛也较短，头部和身上的黑白条纹十分漂亮。希勒姆的表情很严肃，但是目光十分和善，甚至有些温柔，好一头健康美丽的雌虎。只见它注视着前方，目不转睛。原来草丛中有几头斑鹿，由于草很深，它们并没有发现希勒姆。希勒姆蹲在树荫下盘算着，估计觉得有把握，便匍匐着向草丛前进。这是猫科动物准备进攻的典型姿势，一场狩猎即将开始。大家兴奋地屏住呼吸，期待着只有在纪录片里才能看到的一幕。

希勒姆的动作很轻，它一边观察一边小心地移动着。距离最近的那头斑鹿似乎有所警觉，它抬起头注视着老虎所在的方向。希勒姆立刻低下头，把全身隐藏在草丛里。等斑鹿低头吃草时，希勒姆那毛茸茸的耳朵又从草丛里竖了起来，它探头探脑，反复了几次。我不禁感到好笑，果然是善于埋伏和偷袭的"大猫"。然而，就在接近斑鹿几乎要得手的时候，对方发现了危险，立刻跳着跑开了。斑鹿奔跑的速度非常快，即使老虎也追不上。希勒姆一看没戏了，只得从草丛中悻悻地站起来。孟加拉虎在白天狩猎的成功率不高，基本上靠夜间偷袭捕食。

好在已经习惯了捕猎失败，希勒姆重振精神，开始巡视领地。它经过每棵树时都要闻一闻，如果气味淡了，便撒泡尿。抓磨树干和排便是它们常用的标识领地的方式。坎哈清晨的猎游以希勒姆来到水塘边休息而告终，大家意犹未尽地散去。后来听说第二天的客人更幸运，目睹了希勒姆和它的 4 个孩子同时出现在这个区域。雌性孟加拉虎每天需进食五六千克食物，雄虎需进食六七千克食物。假如被捕食的动物仅有占体重 70% 的身体可供食用，要获得足够的食物，一头老虎每年需捕杀 18 头水鹿、11 头豚鹿或 48 头斑鹿。希勒姆为了养育 4 个虎崽，需要不断捕猎，压力还是很大的，但也从另一个方面证明这里的食物充足。

中央邦的这条绵延千里的绿色走廊一直延伸到印度的另一个邦——马哈拉施特拉邦。19世纪末到 20 世纪初，这里优良的生境庇佑了成千上万的野生动物。这也解释了为什么距离坎哈 140 千米的潘池国家公园也同样成为观虎的热门地。潘池有 7 个区，其中在图利亚区（Turia）

看到老虎的概率最高。我们很幸运，在抵达的当天下午便如愿以偿。目击地是一个小水塘，在气温高达 40 摄氏度的 4 月，干旱与炎热促使老虎们一天中要来水塘边好几次。这次我们恰好遇到一头老虎在喝水，它一边喝水一边抬头瞥我们两眼，喝完水，慢悠悠地走到水塘的另一边，索性将下半身泡到水里，惬意地甩着尾巴，逍遥得很啊！凉快完，它便走进附近的林子里找个地方睡大觉去了。

论印度最著名的老虎保护区，非班达迦国家公园莫属。这里距离坎哈国家公园 200 多千米，老虎的种群密度最高。由于该公园的核心区内有蹄类动物的数量多，加之作为孟加拉虎保护区的历史较长，因此，如果在前两个国家公园中都未能拍摄到孟加拉虎，最后的赌注押在班达迦国家公园肯定没错，只是这里的老虎"上班"的时间有些晚：国家公园即将关门时，老虎才慢悠悠地现身。它在道路正中不紧不慢地走着，一群吉普车小心翼翼地跟在身后。你还不能责怪它这么晚才"开工"，看那骄傲的神情，意思是让你们看见就算给面子了。

所有车辆必须在国家公园关门前离开，因此，我们不得不与它道别。路旁，一只棕胸佛法僧飞起，亮蓝色的翅膀在夕阳的照耀下闪闪发光；远处，蓝孔雀的叫声回荡在森林间。属于虎的夜开始了，夜晚的世界让人充满了遐想……

正在饮水的孟加拉虎

▲ 白肢野牛, 世界上体形最大的牛之一
▼ 孟加拉狐, 又名印度狐, 南亚次大陆特有的狐狸

印度古吉拉特邦的小卡奇盐沼是印度野驴的最后栖息地，这种亚洲野驴亚种仅存 2000 多头，非常珍稀

南非：邂逅"无冕之王"

时　间：2010 年 6 月
地　点：大圣卢西亚湿地公园（Great St.Lucia Wetland Park）
关键词：河马

　　大圣卢西亚湿地公园中，河马在湖中张开大嘴，肉粉色的嘴巴里 4 颗大犬齿清晰可见。河马憨萌的外表下其实隐藏了一颗凶悍的心，论单挑，"非洲五霸"都未必是它的对手。杂食性的河马成功地打入非洲大陆动物界的"无敌团队"。

河马在白天的大部分时间都泡在水中

我与这本书的大部分读者一样，最初是通过电视和书本接触到关于野生动物的知识，在城市的动物园认识狮子和老虎这类猛兽，直到 20 年前走进南非。在我的印象中，非洲大地一直灾难丛生，而像南非这样远离战争和饥荒、将现代文明与野性世界合而为一的美丽国度，颠覆了我的认知。那里留下了我的许多"第一"：第一次到非洲国家旅行，生平第一次体验驱车猎游（Game Drive），第一次采访环保人士，大圣卢西亚湿地公园（现更名为伊斯曼格利索湿地公园，Isimangaliso Wetland Park）是我拍摄的第一处世界自然遗产……

因为工作的缘故，我在 2001 年来约翰内斯堡（Johannesburg）参加非洲电信展。一个月的时间里，我初次体验了非洲的原始和多彩，对南非的印象格外美好。于是 2010 年，辞职成为环球旅行者、独立摄影师的第二年，我决定重返南非。旅行从南非第二大城市、位于东部夸祖鲁 – 纳塔尔省（Kwazulu-Natal）的德班（Durban）开始，我和一位摄影师同伴预订了南非豪华复古列车"非洲之傲"，从德班到比勒陀利亚（现更名为茨瓦内），再到开普敦，为期一周的时间。上车前，我们提前几天来到德班以北 275 千米处的大圣卢西亚湿地公园进行拍摄。正是在那里，我遇到了大嘴的"河马先生"。

如同森林被喻为"地球之肺"，湿地被生态学家称作"地球之肾"，足见其重要性。大圣卢西亚湿地公园是南非第三大保护区，面积达 3300 平方千米，堪称一座浩瀚无际的生物多样性乐园。湖泊、沙丘、海滩环绕着圣卢西亚湖，湖水在入海口与印度洋交汇。这里有南非目前仅存的一片沼泽林、3 个大型湖泊、4 处国际级的重要湿地、8 处大型自然保护区以及 100 多种珊瑚，多样化的生境形成了这片世界上十分罕见的湿地保护区，对动物栖息及动植物群落演化与发展有着极其重要的意义。1999 年，大圣卢西亚湿地公园被联合国教科文组织列入世界自然遗产名录，也是南非的第一处世界自然遗产。

6 月，一个闷热的午后，我们决定去拜访下湖区的大家伙——河马。高高的芦苇在微风中摇曳，最后一班游船已经静候在码头。湖水很浑浊，因为河流将中上游的泥沙带来淤积在此。天空飘起了小雨，游船驶离码头，在身后划出圈圈涟漪。此刻茂密的树林中不知有多少双眼睛正在窥视着我们。一只鱼鹰无声无息地掠过河道两边的芦苇荡和灌木丛，停在水面上方盘枝错节的树枝上。据说湿地中有多达 526 种鸟类（占南非的 50％和非洲的 25％），可惜那时我还没有开始观鸟，注意力只放在大型动物上。

很快，远处水面上浮出了三五个黑影。游船再靠近一些时，黑影立刻潜入水中。就在人们四处张望之际，"噗"的一声，船边冒出了一个圆滚滚的脑袋，吓了大家一跳。只见它甩了甩耳朵上的水珠，瞪圆了眼睛盯着我们。"湖主"河马大人对于访客十分警觉，一个圆脑袋缩回水里，而另一个又冒了出来。那些浮在水面上的眼睛就这样监视着我们。突然，一头河马张开大嘴，露出粗壮可怖的獠牙，警告来客进入它的地盘了，要小心。偶露峥嵘后，它重又下潜，在水面上留下几道波痕后便消失得无影无踪。

这些巨无霸游弋在游船附近。圣卢西亚湖中生活着800多头河马，这些群居哺乳动物在湖里有固定的住处，白天大部分时间都泡在水里休息。成年河马重达三四吨，属于半水生哺乳动物。别看河马胖，脂肪多，它在水中的动作却相当自如，并且擅长利用水的浮力，行动比在陆地上灵活得多。白天河马暴露在空气中时，体表的水分蒸发量要比其他哺乳动物多得多，皮肤经阳光曝晒后容易开裂，因此，它需要在水中调节体温并防止皮肤干裂。河马的皮肤虽没有汗腺，却有其他腺体分泌一种类似于防晒乳的红褐色液体，还可以防止蚊虫叮咬。

夜晚，河马终于可以结束白日里的"潜伏"，纷纷上岸吃草。一头河马一晚上可以吃掉40千克草，吃完后原路返回湖中的家。这些"割草机"对于非洲草原的生态系统来说举足轻重，因为经过河马啃食的草地长势更好。作为湖泊生态系统中的重要角色，河马白天泡澡、晚上觅食的生活习性将草原上的营养物质转移到了河流中，它的粪便可以给水中的鱼和微生物提供充沛的营养。

如果你以为河马在岸上行动迟缓，那就大错特错了，它短距离奔跑的速度比人快。看似蠢笨的河马一旦发起怒来，能以30千米/小时的速度攻击任何敢于挑衅它的人或动物。河马属于领地意识很强的动物，牙齿尖锐，咬合力惊人，一旦发起威来能把一条成年鳄鱼生生撕成两半。近年来肯尼亚就发生了多起河马伤人事件，甚至高于"非洲五霸"袭击人的概率，多是因为人侵入了它们的领地。非洲"无冕之王"的称呼估计就是这样来的吧。

这时，向导突然惊喜地叫起来，她指着远处湖面上大河马身后的一个小不点儿，原来那是一头河马宝宝。"我敢肯定昨天来这里的时候小河马还没有出生，它一定是今天才出生的，我们真是太幸运了。"这些船每天都要在湖上往返好几次，向导们对于湖中的动物都已经非常熟悉了。我试图从镜头中捕捉那个小家伙的身影，但它实在太小了，一直依偎在母亲身边，寸步不离，无法拍到。母河马警惕地注视着周围的动静。哺乳期的河马妈妈护崽心切，对于领地遭受入侵的容忍度更低，我们不可以过于靠近。

夜幕降临，河马露出水面的眼睛显得愈发明亮，它们呼气时鼻孔中喷出的雾气在水面上方飘散开来。"河流之王"的生活对于研究人员来说还有很多谜团，几乎没有人了解河马之间以及它与其他动物和周围环境是如何沟通的，只知道，在非洲这片大陆上，凭借体形巨大和皮糙肉厚，河马还真没有怕过谁。告别它的隐秘世界，我继续非洲大陆神奇的"追兽之旅"。

南非："豹山"遇猎豹兄弟

时　　间：2010 年 6 月
地　　点：赫卢赫卢韦野生动物保护区（Hluhluwe-Imfolozi Game Reserve）
关键词：猎豹

　　年轻的猎豹兄弟是我在非洲认识的第一种"大猫"，它们优雅美丽，还是动物界知名的短跑健将。然而，猎豹的命运却不太好，在非洲的掠食者里它是最容易被欺负的对象，难怪一天到晚都忧心忡忡。

▼ 我在非洲遇见的第一种"大猫"便是猎豹

大圣卢西亚湿地公园短暂的湖区游览宣告我在南非的"追兽之旅"正式开始。第二天，我们驱车 120 千米，前往夸祖鲁 - 纳塔尔省的赫卢赫卢韦野生动物保护区。赫卢赫卢韦（Hluhluwe）是祖鲁人的地盘，这里有南非著名的南白犀（Southern White Rhinoceros）栖息地——祖鲁兰犀牛保护区（Zululand Rhino Reserve），位于它北部的杜摩保护区则是非洲象聚集的地方。汽车进入祖鲁人的领地时停了下来，只见一个当地人端着脸盆往轮胎上撒白色粉末。原来夸祖鲁 - 纳塔尔省多年以前是疟疾高发区，虽然已经于 2001 年宣布为无疟疾区，但为了保险起见，进入这片地区时，车轮和鞋子都要消毒。

傍晚我们抵达了豹山度假村（Leopard Mountain Safari Lodge），这家五星级酒店位于北祖鲁兰的曼尤尼私人野生动物保护区（Manyoni Private Game Reserve）里，曾连续 6 年荣获南非旅游局颁发的"猎游和自然保护区住宿奖"。在星星点点的灯光下，一栋栋茅草顶石屋隐匿在各种叫不出名字的植物中。第二天一大早 5 点多钟，我就被窗外的鸟鸣声吵醒了，拉开窗帘后才发现外面的阳台正对着森林，阳台上还有张亚麻吊床。酒店位于山顶，可以俯瞰下面的苍茫平原和蜿蜒其间的河流。天空泛着日出前的青白色，远处的天际线上露出一缕曙光，太阳就要在森林上方冉冉升起。那时我并不知道，在未来的 10 年中，我会在非洲的不同地方欣赏到很多次这样的日出美景。

6 月，南半球已进入深秋时节，清晨寒意十足，好在车上备了薄毯。观赏野生动物使用的敞篷越野车是用路虎改装的，车子发动机盖的左前座是追踪手的位置，他的主要职责是根据风向、飞鸟的反应和足迹找寻动物。我们的追踪手约翰是个大块头，有他坐在我的正前方，感觉很踏实。另一个重要角色就是"Ranger"——为游客提供猎游专业服务的自然向导。车上除了我和摄影师同伴之外，还有一位退休的南非中学教师和她的儿子，以及一对年轻夫妇。出发前，向导讲述了猎游的规则，比如避免穿鲜艳的衣服，保护区里严禁下车，遇到野生动物时不可以突然从座位上站起来，要保持安静，不得乱扔杂物等。这些规则通用于所有的国家公园和保护区的猎游活动。

静谧的灌木丛中偶尔传来几声不知何种动物发出的咕咕声，鸟儿的鸣叫声更是无处不在，此外还有车子行进途中碰断枝桠发出的断裂声——非洲丛林的声响成为唯一的分贝。坐在身后的南非中学教师一直在本子上认真地记录她所看到的每一种动植物。她认识不少鸟类，不时指给我看。那时的我犹如初次走进大自然课堂的小学生，一切都很新鲜。最近在博茨瓦纳的一次旅行中，我也像她一样拿着小本记录下看到的一切，成为一个自然爱好者的萌芽应该就是从那时开始生长起来的吧。

深秋，草木发黄，一大一小两头疣猪憨憨地跑过，像旗杆一样竖着的尾巴很滑稽。路边出现了几头长颈鹿，它们正在优雅地吃着树上的嫩叶。约翰手指前方，在距离不到 50 米的地方，一头瞪羚正睁着美丽的大眼睛注视着我们。它的体态优美，是肉食动物渴望的美餐。瞪羚唯一可以自保的"武器"就是速度。在非洲草原上，瞪羚的速度仅次于猎豹，纵身一跳高达 3 米，跨度达 9 米。

突然，对讲机响起，看样子有情况。果然，向导扭头对大家说，前面不远处发现了两头猎豹。太棒了！大家立刻兴奋起来。赶到现场，远远看到高高的草丛中有两个黄色脊背忽隐忽现。猎豹慢慢地踱到土路上，距离我们不过几十米。向导说这是兄弟俩，3岁左右，刚成年不久。猎豹兄弟正在巡视领地，偶尔停下来在树下撒尿划分领地。走累了，它们便找了个树荫躺下。一辆皮卡刚好经过，司机看到横立在马路中央的猎豹，不得不停下车耐心等待。跟随猎豹兄弟转悠了一个多小时，看着它们消失在视线中，大家意犹未尽。

我和很多人一样，一开始分不清猎豹与花豹。猎豹脸上的两道泪线——从眼角开始，通过鼻子两侧直到嘴部的泪滴状黑色线条——是它区别于花豹的主要标志。另外，它们身上的斑点也不同，猎豹身上是黑心的小实点，而花豹的斑点被称为"玫瑰斑"，比猎豹的更大，中间是空心的，边缘有时破碎为 2 ~ 5 个小斑点。猎豹的身形更为修长，看起来甚至有些纤弱。这样的体形是为了追求速度而演化的结果。作为陆地上奔跑速度最快的动物之一，猎豹的速度可达 110 千米 / 小时，加速度更惊人。据测，一头成年猎豹能在两秒之内达到 100 千米 / 小时的速度。可惜它的耐力不佳，奔跑一段距离后，它的体温会迅速升高，必须停下来散热，以恢复体力。如果猎豹不能在短距离内捕捉到猎物，它就会放弃，等待下一次出击。

然而，这件大自然创造的精美"艺术品"带有某种缺陷。在演化过程中，由于追求速度，猎豹放弃了咬合力，其短小的犬齿只适合锁喉，无法秒杀猎物。同样，为了高速奔跑，猎豹牺牲了爪子的缩回机制，是猫科中唯一不能完全缩回爪子的物种，因此攀爬能力降低了。猎豹很少上树，不像花豹那样可以把猎物拖到树上藏起来。但是论性情，猎豹是所有大型猫科动物中最温顺的，除了狩猎之外一般不主动攻击人和其他动物。目前，非洲的猎豹大约有 7000 头，已经被列入濒危物种。

猎豹兄弟的脖子上都戴着项圈，后来我得知这是南非私人保护区的常用做法。给这些"大猫"戴上定位装置，虽然方便寻找，但也让猎游失去了应有的"发现的惊喜"。据说不少私人保护区甚至购买野生动物放在里面，过于商业化的行为使得南非的猎游受到不少环保人士的诟病。尽管如此，我生平的第一次猎游还是令人难忘的。

夜晚，回到豹山度假村。在浩瀚的星空下，熊熊篝火已经在空地上点燃。感受着丛林晚风拂过面颊，聆听着昆虫的鸣叫，享用着美酒与美食，我回想着与猎豹兄弟的邂逅。非洲的夜，和白天一样迷人……

附：何谓 Safari

这个词来源于东非斯瓦希里语中的"Kusafiri"，意为"长途跋涉、远行"，名词则为"Safari"。在西方殖民时期，随着欧洲猎人的到来，这个词特指这些人在非洲进行的"五霸"狩猎旅行。而将这个词真正带入大众视野的，是英国爵士威廉·康沃利斯·哈里斯。进入 20 世纪后，生态旅游日渐流行，Safari 的意思演变为野生动物的观赏与拍摄，猎游的魅力不减，只是猎游的工具由猎枪变成了捕捉影像的相机和摄像机。

南非：铁轨上的猎游

时　　间：2010 年 6 月
地　　点：纳姆比提自然保护区（Nambiti Conservancy）
　　　　　斯皮恩科普自然保护区（Spionkop Lodge）
关键词：非洲野牛

　　初次见面，非洲野牛很不友好，直接冲向我们的车子。眼看距离只有 3 米不到，我不由得大惊失色。好在向导一踩油门，车子迅速驶离。这头怒气冲冲的野牛依旧在后面紧追不舍，上演了野牛追车的惊险一幕。

南非纳姆比提自然保护区里的南白犀母子

汽笛声响起，浓浓的烟雾从古老的蒸汽机车里喷向空中，一股股水蒸气在站台上弥漫开来。天空中徐徐飘落下细碎的雪花状烟尘，老式蒸汽机车牵引着古色古香的车厢缓缓启动了。置身于有着百年历史的古董车厢中，黄铜灯具发出幽暗的灯光，恍惚间我仿佛回到了维多利亚时代，窗外是一望无际的非洲草原……

10年前的这一幕我至今记忆犹新。2010年6月，我在德班登上南非的豪华列车"非洲之傲"，前往南非首都比勒陀利亚（Pretoria）。途中，车上安排了两次猎游。敞篷陆虎越野车直接等候在列车旁边，载着我们来到纳姆比提自然保护区。这个保护区位于夸祖鲁–纳塔尔省中部的广袤丛林中，占地超过200平方千米。保护区内遍布草地、灌木丛和高大的树木；名为"星期天"的河流从保护区中流过，留下了两条落差超过40米的瀑布以及壮观的沟壑峡谷。这里曾经是第二次英布战争（英国同荷兰移民后裔布尔人为争夺南非领土和资源进行的一场战争）的战场之一，1899年英国人和布尔人在此激战。顺便说下，南非的国家保护区只有21个，其余均属于私人保护区，大大小小有数百个之多。

自然向导戴斯蒙德（Desmond）已经在这个保护区工作了3年，熟悉这里的一草一木。他走到草丛中扯下一段蜘蛛网拿回来让我们使劲拽，竟然如尼龙丝般结实。大家最期待的自然是"非洲五霸"，很快我们就看到了犀牛，是数量最多的非洲南白犀，正在大口吃草。之所以叫白犀，并不是因为它是白色的，而是因为嘴很宽，最初的发现者称之为"Wide Rhino"（宽嘴犀），后来被误听成"White Rhino"（白犀），因此得名。犀牛的消化能力很差，必须不停地吃草，每天要吃掉二三百千克草。

犀牛是仅次于大象的第二大陆生动物，全世界仅存4属5种，其中非洲2种（白犀和黑犀），亚洲3种（苏门答腊犀、印度犀和爪哇犀）。别看它的体形笨重，但能以相当快的速度行走或奔跑，黑犀的速度在短距离内能达到45千米/小时。南白犀总数在18000头左右，珍贵的北白犀濒临灭绝。南非拥有世界犀牛总数的75%，纳姆比提自然保护区是犀牛数量最多的南非保护区之一。

一路上不断看到羚羊、斑马和角马等食草动物，我们谁都没有注意到路边灌木丛里有一头非洲野牛。等到发现时，它已经咆哮着冲了出来。一回头，我刚好看到野牛目露凶光，能清楚地听到它喘着粗气。我惊叫一声扑向身边的同伴，好在向导一踩油门，迅速驶离了现场。我惊魂未定地回过头，发现它还执着地追在车子后面跑了好一段，然后才在路中间停下，愤怒地跺脚踢土。事后我被同伴批评缺乏职业精神，这个时候应该立刻举起相机才对，临阵不乱的心理素质很重要。不知道如果再来一次，我会不会更镇定一些。

因为只看到了"两霸"，大家多少有些失望，于是戴斯蒙德开车带我们来到保护区的管理中心。一个月前一头两岁的亚成年猎豹因为饥饿难耐闯进了管理中心，于是他们就收留了这个正在长身体的小家伙。再次见到猎豹，隔着栅栏，我凝视着它的眼睛，感受到猎豹的目光有一

种蛊惑人心的魔力。它是如此美丽又脆弱，我不知道还有哪种掠食动物可以与之媲美。黄昏将至，我们决定打道回府，这时才发现此前追赶我们的野牛不知道什么时候又跟了过来，正守在大门外。为了保险起见，我们一直等到它走开后，才打开围栏离去。非洲野牛在"非洲五霸"中恐怕不是最厉害的角色，但一定是性格最倔强的那个。

几天后，"非洲之傲"又带着我们来到斯皮恩科普自然保护区。这里的地貌多变，拥有丘陵、丛林和稀树草原。向导从对讲机里听说不远处有几头狮子在树荫下乘凉，然而越野车在一人多高的草丛里钻来钻去也没有找到它们。一个多小时后，车子停在了保护区内最高的山顶上，向导拿出后备厢中的饮料和各种小吃。我端着咖啡，望着连绵无际的丛林和丘陵。远处走来一群非洲象，这是我第一次见到野生的非洲象。"大象的视力不好，但嗅觉很灵敏。这些庞然大物生起气来，可以轻易地掀翻我们的车子，所以一定要小心，在它们开始警惕的时候千万不要轻举妄动。告诉你们一件有趣的事，如果你把一块大象的粪便撒在花园里，第二年就会收获一片森林。"向导的话虽有些夸张，但这些食草动物恐怕是仅次于鸟类的种子传播者了。

一路上，向导侃侃而谈，讲述各种趣事。我印象最深的是发生在南非最著名的克鲁格国家公园（Kruger National Park）里的真实故事，现在回想起来还有些不寒而栗。一个研究小组跟踪公园内的一个狮群，惊讶地发现在过去的一年里狮群成功捕猎的次数下降了很多，可它们看起来并没有营养不良。那么，它们吃什么呢？调查结果竟然是吃人，不是游客，而是偷渡者。因为克鲁格国家公园地处边境，许多来自莫桑比克和津巴布韦的偷渡者还没有看到南非的繁华就被公园里的狮子、花豹、鬣狗等食肉动物吃掉了。相对于羚羊，这些偷渡者更容易被捕捉到，而且数量不少。那里的狮子吃人都吃上瘾了，甚至把为驱赶他们而发出的一切声音都当成了开饭信号，一年时间里竟然吃掉了大约 250 个人。国家公园的管理人员不得不经常去收拾这些倒霉的遇难者的衣物和鞋子。我弱弱地问了句："这里的狮子吃什么？"向导笑着说："放心，这里的狮子没那么好的运气。"

可惜我们无法得知狮子在这里的伙食如何。时候不早了，"非洲之傲"重又启动。夕阳在无边的草原上投下最后一缕光线，就连那浓郁的树影也仿佛要被荒原的阴霾吞没。空气里回荡着动物发出的各种声音，我们带着关于非洲大草原上的各种奇幻故事，继续下一程。

这头愤怒的非洲野牛一直跟在车子后面紧追不舍

南非：顶级营地的丛林冒险

时　间：2015 年 6 月
地　点：萨比萨比私人野生动物保护区（Sabi Sabi Private Game Reserve）
关键词：花豹、斑鬣狗

　　听闻营地里竟然闯入一头花豹，等我们赶到时，它已经被激怒了，从藏身的灌木丛中窜出，径直扑向追踪手多伦。多伦顺手抄起砍刀，花豹见状心有不甘地退缩了，恶狠狠地盯着我们，然后转身离去。没想到，两小时后，我们又遭遇了一次突袭……

两岁的小雌豹苏珊

时间过得真快，转眼间 5 年过去了。南非，我回来了！

2015 年，南非萨比萨比奢华丛林营地（Sabi Sabi Luxury Lodges）向我发出邀请，我当即决定重返这片美丽狂野的土地。从约翰内斯堡转乘小飞机降落在斯库库扎（Skukuza）机场，这里是前往大名鼎鼎的克鲁格国家公园的门户。克鲁格国家公园的名气虽大，但因占地面积实在太大，找动物特别费时间。这里的限制又多，比如车辆不可以下道，而在路旁看到"非洲五霸"的概率有限；到了关门时间必须离开。萨比萨比私人野生动物保护区位于克鲁格国家公园的西南端，与其有绵长的边界接壤；数百平方千米的土地上，大量的动物可以自由往来。萨比河畔是低地，水源丰富，吸引了很多食草动物前来，当然食肉动物也就跟着来了。由于是私人领地，只要发现动物的踪迹，越野车就可以立刻下道追踪，因此看到"非洲五霸"的概率有八九成之高，尤其是花豹的数量众多；加上没有时间限制，晚上也可以进行夜间猎游，因此虽然价格高，但旺季游客爆满，一房难求。

"Sabi"这一名字源自南非聪加语中的"Tsave"，意思是"敬畏"。保护区附近有条萨比河（Sabie River），1830 年欧洲贵族狩猎者为了象牙和犀牛角来到这里，在这条河南部的沙滩上建起第一座营地。后来，黄金开采让这一地区短暂兴旺繁荣了一阵子。19 世纪末期，这里新建起一条连接西部采金区和海边的铁路。随着穿越丛林的铁路的开通，一些贵族开始乘坐火车进行在当时很时髦的猎游，顺便欣赏沿途的自然美景和野生动物。意识到铁路让人们的旅行更加舒适方便后，欧洲人开始发掘这个野生动物保护区的潜力。早在 20 世纪 20 年代，这个地区就已成为南非休闲度假的旅游胜地。也就是从那时起，这片大地的迷人景色开始被越来越多的人所认识，许许多多关于这条铁路、这片土地和这些殖民者的趣闻轶事也随之流传下来。

经过百年的风雨变迁，当初的简陋营地已经发展成数座风格迥异、完全独立的奢华度假村，隐匿在茫茫无际的非洲丛林深处，主题分别为"昨日""现在"和"未来"。我在代表"现在"的布什营地和代表"未来"的大地营地各住了 3 个晚上。后者曾入选美国国家地理学会举办的"世界超绝度假屋系列"评选。萨比萨比的硬件设施对得起南非排名前三的称号以及高昂的价格。营地为我特别配备了专业野生动物摄影师使用的改装路虎越野车，座位前方是安置超长焦镜头的云台，可以 360° 旋转的座椅方便摄影师在行驶途中进行拍摄，不管哪个方向出现目标时都可以随时瞄准。脚下的空间还可以供平躺拍摄。这辆车可供 4 名摄影师使用，不过这次由我独享，太酷了！

每天清晨 6 点开始早场猎游，我的自然向导弗朗索瓦是一个二十六七岁的精干的白人小伙子，沉默寡言的追踪手多伦来自尚干族。尚干族世代生活在丛林中，拥有极为敏锐的视觉和丰富的动物追踪经验。途中，他会留意路上的动物足迹和粪便，判断动物的种类以及通过的时间。动力强劲的路虎载着我们一头扎进萨比河畔一望无际的丛林中。冬季的非洲清晨萧条肃杀，草木枯黄，树叶稀疏，迎面吹来的寒风混合了植物和泥土的味道。我裹紧薄毯，琢磨着最先出场的动物会是谁呢？

"这里的野生动物危险吗？"我问弗朗索瓦。"游客的安全没有任何问题，倒是在过去几年中，有几个追踪手丧命，毕竟他们所处的位置没有任何保护。你肯定想不到，最大的危险不是来自那些食肉动物。有一次一个倒霉的追踪手被长颈鹿踢飞了，还有一个被发怒的大象用鼻子干掉了。"这真有些出乎我的意料，食草动物竟然成了人类的"杀手"，而且概率还很高。路旁，一头母象正带着几个月大的小象，距离我们不到 20 米。母象泰然自若，小象顽皮可爱，我立刻忘记了它们有可能带来的危险。

早上，我们遇见了一大群非洲野牛、三头狮子、若干头大象和一对黑犀母子。两小时不知不觉过去了，太阳升起后，气温上升得很快。我们选择了一处视野良好的开阔地，弗朗索瓦在越野车的前部布置好餐桌。我端着热咖啡，看着不远处的一群平原斑马正在悠闲地嬉戏。这些"自然之子"散漫却又行动一致，矫健又充满活力。天地间，动物才是主人，而我们只是过客，永远无法真正拥有这片大地。

在"非洲五霸"中，我最想见的是花豹。弗朗索瓦不时用对讲机和其他车辆通报信息，得知刚刚有头豹子经过，我们便立刻赶过去，发现一头两岁左右的雌豹正在草丛中休息。过了一会儿，它站起身，慢慢地在前面走着，尾巴悠闲地甩来甩去，看来对我们一点防范之心都没有。弗朗索瓦说："我们打算叫她苏珊。"这个保护区里的花豹都有名字，苏珊这个名字很好听，适合这头可爱的小花豹。苏珊的眼睛在阳光下是那样清澈纯真，它对外界的险恶一无所知。在成长为"顶级杀手"和"丛林女王"之前，它会度过一段怎样的艰苦岁月呢？这是我遇见的第一头花豹，只看到了它的美丽，直到后面老布什的出现，我才见识了豹子凶狠的一面。

两天后，我从传统风格的布什营地搬到现代感十足的大地营地，房间的设计充满了象征非洲复兴的未来主题元素，将非洲艺术以穿越时空的方式呈现在世人面前，无论是建筑本身还是内部装潢都别具风格，唯一的问题是距离餐厅较远，必须在持枪向导的陪同下才可以出门。营地周围有野兽出没，说不定一头雄狮就睡在你的房顶上。搞不好，你就成了它的晚餐。于是每天晚餐前，弗朗索瓦都会带着枪，开着电瓶车到别墅的门口来接我。

当天下午，我们听说一头花豹竟然在大白天破天荒地闯入了布什营地，躲在酒店花园的灌木丛里睡大觉，赶到时，已经有 3 辆越野车围住了灌木丛。这头老花豹被惊扰了，从藏身处窜了出来，径直向我们车前的多伦冲了过去。多伦正好挡住了我的视线，只见他顺手拿起把砍刀，老花豹见状退缩了。当它从另一侧绕过去时，我才看清楚这头花豹体形健硕。这是老布什，已有 16 岁高龄了。它的眼中充满杀气，恶狠狠地盯着我们，不甘心地离去。花豹果然是"非洲五霸"中的厉害角色。

然而，更惊险的遭遇还在后面。一个多小时后，我们正准备下到一条干涸的河道上。多伦向右侧一瞥，发现老布什竟然远远地沿着河床直奔我们的车子而来。看情况不妙，他立刻示意

斑鬣狗

扫码观看

弗朗索瓦倒车躲避。然而，谁都没有注意到另一辆越野车不知何时紧跟了上来，也正准备下河道。"哐当"一声，两车相撞，车上的人都被吓了一大跳。弗朗索瓦连呼倒霉，用对讲机通知附近的车子，让大家今天都不要再去招惹这头发怒的花豹，离它远点。

放弃了花豹，我们决定去拜访这个地区的一个斑鬣狗（Spotted Hyaena）家族。此刻，母斑鬣狗正带着小鬣狗在洞穴附近玩耍。一向形象猥琐的斑鬣狗此刻也满眼慈爱，很难让人将它与排在狮子之后的非洲第二大食肉动物联系起来。小斑鬣狗看起来和普通小狗没什么两样，十分顽皮，也不怕人。斑鬣狗具有强壮的颌骨和牙齿，尤其是臼齿的咬合力远超其他掠食动物，能够咬碎骨骼，获得富有营养的骨髓。它属于高度社会化的群居掠食者，由母系族谱支配。族群的生活围绕在巢穴附近展开，每一个族群都是一个永久的社会群体。

傍晚时分，车子停在萨比河畔，落日的余晖洒在干枯的河床上。弗朗索瓦从后备厢里拿出香槟，我望着连绵无际的丛林和丘陵，不远处还有一群野牛。很快，如血夕阳染红了整个天空。萨比萨比营地的主人在建造初期希望打造一处体验顶级生态旅行的绝佳目的地。30 多年过去了，他终于如愿以偿。

附：克鲁格国家公园

南非创建最早的国家公园，北接津巴布韦，东接莫桑比克。1898 年，这个公园就初具雏形，由当时的布尔共和国最后一任总督保尔·克鲁格创立。为了消除日趋严重的偷猎现象，保护萨比河沿岸的野生动物，保尔·克鲁格宣布将该地区划为动物保护区。1926 年，克鲁格国家公园正式建立。随着保护区范围的不断扩大，克鲁格国家公园成为世界上自然环境保持得最好、动物种类最多的保护区之一，在动物保育、生态旅游以及环境保护的相关技术与研究方面也居世界领先地位。

纳米比亚：闯入埃托沙的"魔力盐沼"

时　　间：2015 年 6 月
地　　点：埃托沙国家公园（Etosha National Park）
关键词：狮子、黑犀

　　她，是非洲最后一个独立的国家，也是非洲大陆唯一的前德国殖民地。年轻的纳米比亚拥有地球上最古老的沙漠。干燥的土地上，与辛巴红泥人和布须曼人相伴的是旱地雄狮、沙漠大象与剑羚。原始与现代、狂野与奢华在此交织成一个充满诱惑的不朽传奇。

▼ 埃托沙盐沼中的南非剑羚

非洲大地似乎有种魔力，每次一下飞机，灿烂的阳光立刻让来自都市的浮躁情绪消失得无影无踪，我的心情格外愉快。这一次，我与野生动物们的约会定在了纳米比亚，位于遥远的西南非洲。

2012年、2015年和2019年，我先后3次踏上这片自由而富有灵性的土地，巧的是都在6月，正值南半球的冬季。埃托沙国家公园是非洲大陆的第三大保护区。风吹过白茫茫、空荡荡的干涸之地，盐质灰尘飘向远方，甚至越过大西洋。巨大的埃托沙盐沼向我展示了这里的环境有多么险恶，这些盐分含量较高的矿物质土壤只能为动物们提供基本的生存所需。随着一年中最艰苦的季节的来临，动物们凭着本能寻找水源，公园里仅有的几处可怜的小水塘成为观看野生动物的最佳地点。

炎炎烈日下，水塘边只有一头上了年纪的老象机械地用长鼻子一下一下地吸水，它的象牙已折断，皮肤的粗糙纹理犹如树皮透着沧桑。一只黑背豺不知道从哪里钻出来，在大象的脚下徘徊。附近还逡巡着几只鸵鸟，瞪羚边喝水边抬头观察周围的动静。水塘既是救命处，也是索命地，或许附近就有狮子在窥视。然而这么热的天气，掠食者也懒得出来。

附近一辆猎游的车子似乎出了点问题，车上的两个年轻西方游客急得满头大汗。在国家公园里是禁止下车的。看看周围没什么动静，我们的司机决定下去助对方一臂之力，他三两下就搞定了。"轰"的一声，车子终于发动了。就在大家松了口气露出笑容时，突然从草丛里跃出一头狮子，竟然距离我们不过30米。很明显，正在睡觉的它被惊醒了。大家慌忙跳回车上，惊魂未定地看着这头不太乐意的狮子慢悠悠地向远处走去。

水塘这个狭小的空间将野生动物聚在了一起。到此处饮水不需要争夺，只需按先后顺序，或者强者优先。顶级掠食者就不用说了，狮子一出现，恐怕只有大象、犀牛这样的无敌食草动物才可以与之共享水源。象群汲水时很有秩序，除了喝水，还顺带冲凉，完全不在意没水喝的动物们的感受。羚羊等食草动物最紧张，每次喝水都有性命之忧，随时准备撒丫子就跑。长颈鹿喝口水最费劲，需将前腿大幅叉开，用后腿支撑，才能俯身够着水面，远不如行走时优雅。这种很难拿的姿势最容易遭到敌人的攻击，难怪它们更多地从树叶中汲取水分。

第二天早晨刮起了大风。风不利于食草动物嗅到天敌的气味，对食肉动物的捕猎也有影响。埃托沙陷入一片沉寂，我们无聊地转了一个上午，一无所获。没想到午餐时间竟然有了意外收获。游客中心附近有一个水塘和瞭望台，炎热的正午竟然有五六十头大象在此饮水嬉戏。我不禁喜出望外，连午饭都顾不上吃了。象群中有不少小象，它们在推搡打闹，顽皮可爱。这群大象前脚刚走，紧跟着又来了20多头。水塘被它们独占，其余的食草动物只有远远看着的份儿。

下午，风势渐小，食草动物开始出来觅食了。犀牛喜欢草丛厚密的区域，长颈鹿则向着开阔的地方移动，因为那里的视野更好。前方公路一侧卧着3头雌狮，另一侧则是一群斑马。雌狮将我们的车子当作屏障，正在慢慢地接近猎物。最近的一头距离我只有十几米。雌狮将注意力全放在马路对面的斑马身上了。在傍晚的余晖下，它原本金色的毛发愈发显得金光闪闪。它全神贯注地盯着猎物，聪明地躲在车子的阴影里。车子启动往前走时，它也站起来跟着走。第一次被狮子当作掩体，作为捕猎的"帮凶"，我感觉很有趣。可怜的斑马尚未意识到近在咫尺的危险，还在路边低头吃草。然而两辆车的先后离去，让雌狮的计划泡汤了，它只好悻悻离去。

为了不错过夜间观赏动物的机会，我选择了奥考奎约营地。这里是埃托沙国家公园里最早建设的一处度假营地，由政府拥有并管理，兼做瞭望站和管理所。埃托沙生态研究所也设在此地。一个季节性水塘距离营地防护栏不过 30 米。为了方便游客夜间观赏和拍摄，水塘边架设了探照灯。白天光顾水塘的多是成群的斑马、羚羊。晚上 9 点多，两头年轻的非洲象喝完水后开始在树下嬉戏打闹，它们的鼻子缠绕在一起，推来搡去，好像在打太极拳。黑犀母子来喝水时顺便泡了个澡。黑犀生性胆小，白天对人非常敏感，此刻放松下来，给了我们一个近距离观察的机会。一轮皎洁的弯月挂在天上，正安静地注视着非洲大地上的一切……

埃托沙的日与夜，让我再次感受到了自然界的法则。巨大的盐沼里，生命始终比死亡更顽强。当我们今天只能在动物园里认识某些动物的时候，不要忘记，过去地球陆地的三分之一都

▼ 月夜下的黑犀母子静立在水塘边，犹如雕塑一般

是埃托沙今天的景象！

附：埃托沙国家公园

　　"Etosha"在当地语言中意为"巨大的白色之地"。占据国家公园面积四分之一的埃托沙盐沼（Etosha Pan）形成于1亿年前。16000年前，它曾是一个巨大的湖泊，发源于安哥拉的库内纳河（Kunene River）的河水流入湖内，后来河流改道进入了大西洋。湖泊失去了水源，逐渐干涸，淤泥中的盐分沉积在湖底，形成了一个面积达480平方千米的大盐沼。仅在雨季，盐沼里才会短暂地储存一些雨水。当地的奥万博人（Ovambo）称其为"幻影之湖"或"干涸之地"。这里栖息着大约114种哺乳动物、340种鸟类、110种爬行动物和16种两栖动物。在德国殖民统治期间，1907年时任西南非总督的弗里德里希·冯·林德奎斯特博士宣布建立埃托沙国家公园，其面积达10万平方千米，堪称当时世界上最大的野生动物保护区。然而由于政权更迭，现在它的面积不及最初的四分之一，却仍然是非洲最重要也是最好的野生动物保护区之一。

▼ 黄昏下水塘边的跳羚

纳米比亚：大漠幻影

时　　间：2015 年 6 月
地　　点：卡拉哈里沙漠（Kalahari Desert）
　　　　　纳米布 - 诺克卢福国家公园（Namib-Naukluft National Park）
关键词：纳米比亚野马、红沙丘

　　自古以来，西南非洲干涸的荒漠和盐碱盆地中就一直奔跑着鸵鸟、斑马、羚羊、豺和鬣狗，近代又多了人为造成的"幽灵马"。如此严苛的自然条件下，生命顽强依旧。在这些动物的脚下，则静静地躺着两亿年前的恐龙化石和前寒武纪岩石。

▼ 奔跑在纳米比亚三明治湾大漠中的鸵鸟

2015 年 6 月，一个阳光炙热的午后，前往纳米比亚南部鱼河峡谷（Fish River Canyon）途中的客栈里，我看着屋里屋外主人收集的那些斑驳生锈的老爷车，仿佛走进了一段被遗忘的时光。餐桌上，一只虎猫目不转睛地盯着窗外，它的全部注意力都被花丛中的太阳鸟吸引了，而对我的摩挲毫不在意。从窗户向外望去，一头剑羚不知道什么时候闯进了花园，在树荫下站着，一动不动，犹如雕塑一般。后来，它突然跑起来，吓了我一跳。我很享受这份宁静，还有阳光。这个场景在很长一段时间里都会成为一种符号，旅人时光中的又一个定格。

继续赶路。在空旷的原野上，周围单调而又缺乏变化的景物让人昏昏欲睡，直到一个模糊的身影出现在地平线上。沙漠地区常见的扰流，让它看起来像个幽灵。"那是什么？"我有些困惑。"哦，那就是'幽灵马'。"向导漫不经心地回答。我终于看清了，是匹栗色的骏马，接下来又出现了一匹、两匹……这些游走在卡拉哈里沙漠（Kalahari Desert）边缘的野马，本是 19 世纪末驻扎在纳米比亚的德国军队为了解决在这片广袤土地的运输问题而从德国运来的战马。它们既可代步，也是运输工具。1908 年，人们在吕德里茨（Lüderitz）附近发现了钻石矿，引得大批淘金者涌入，马匹的使用更加频繁。然而，随着第一次世界大战德国战败，殖民者撤离当时的西南非洲，这些马由于无法被运走，便被遗弃在沙漠中。100 多年来，它们不断适应纳米比亚沙漠严酷的自然环境，养成了新的生活习性，身形也愈发精瘦，最终回归野性，成为游荡在这片贫瘠土地上的新主人。

野马们聚集在一处人工水池边，在地上打滚蹭痒，扬起蹄子嘶叫着，野性十足。纵然它们在艰苦环境中演绎出了生命的精彩，却无法躲避干旱和天敌的袭击。据说从 2012 年至今，没有一匹小马驹活到成年，均死于干旱和鬣狗的捕杀。仅 2013 年，鬣狗就捕杀了近百匹野马，纳米比亚野马的数量已从 200 匹下降了一半。或许人类应该为当初的决定负责，将"幽灵马"转移到更为安全的生境中。

十几天来，我也已经习惯了纳米比亚干旱炎热的气候，对于独特地理环境造就的各种奇花异草也见怪不怪了。然而，当箭袋树（Quivertree）出现时，我还是感慨了一番。旱地植物通常有着不一般的生存本领。为了储存水分，箭袋树的叶片上覆盖着一层厚厚的外皮，气孔数目极少，可以将水分蒸发减到最少；同时树枝上覆盖了一层明亮的白色粉末，用来反射阳光。然而箭袋树要生存就得呼吸，呼吸就不可避免地会产生水蒸气。水分一旦蒸发过多，它们必然会干枯而死。它们的生存秘诀是"舍弃"。每到干涸欲枯、生死攸关之际，箭袋树就会突然"自断肢体"，无数正在生长的枝叶纷纷断落。这些伤口会被立刻牢牢封闭，只留下刀削般平滑的疤痕，向人们展示着它们的坚强与智慧。当地居民常将树干挖空制成箭袋，箭袋树因此得名。以它们作为前景拍摄的星空照片吸引了众多发烧友前往基德曼斯胡普（Keetmanshoop）的箭袋树庄园。

纳米比亚沙漠里另一种更为珍贵和神奇的植物是千岁兰（拉丁学名：*Welwitschia mirabilis*），堪称远古时代留下的"活化石"。它犹如章鱼一般伏在地面上，根的一部分深深地扎入沙石中，

▲ 彪悍的野马

一部分裸露在地表上。千岁兰皮革般的带状叶子可长达 3 米。叶子含有许多特殊的吸水组织，能够吸取海洋性气候为沙漠带来的水汽。这些细微的水源使它们在久旱不雨的沙漠中顽强地活了下来，甚至长命千年，创造了生命的奇迹。

沙漠占据了纳米比亚领土的大部分。2013 年被联合国教科文组织列入世界自然遗产名录的纳米布沙海（Namib Desert Sea）是世界上唯一拥有大面积沙丘、雾气弥漫的海岸沙漠。干燥的热风将岸上山脉中的岩石风化为细沙和粉尘，沿着大西洋海岸延伸出一片红色。因为沙漠中含有丰富的铁元素，铁元素氧化后就造就了世界上独一无二的红沙漠。这里拥有多种类型的流动性沙丘链，是风力和生物相互作用的结果，是亿万年来大自然变迁的结果。

苏丝斯黎沙漠（Sossusvlei Desert）所在的纳米布 - 诺克卢福国家公园（Namib-Naukluft National Park）集中了沙海的精华。"苏丝斯黎"这个名字由南非语和本地的纳马语组合而成，意为"无路沼泽"，因为沙丘上没有任何可供雨水流淌的天然排水口。越野车行驶在沙漠迷宫里，被地球上最大最古老的沙丘包围着。有的沙丘高达百米，耸立在黏土层之上。最高的一座高达 325 米，恍若埃及的金字塔，傲人的身姿彰显着王者之气。拔地而起的沙丘被塑造成了许多特殊的形状，比如星形和新月形。很多新月形沙丘向阳的一面长着许多绿色植物，背阴面却是寸草不生。和古老大漠中的很多未解之谜一样，这些扑朔迷离的现象既令人惊奇，又引人深思。

"45 号沙丘"因为距离公园大门 45 千米而得名，呈现出美妙的 S 形。我脱下鞋子，赤足走在上面，感受着沙子的细软温暖。风渐起，我浑身都被包裹在红色细沙中，无处逃遁。那一刻，在广阔天地中，人犹如沙砾般渺小。每日里随着太阳的运动和光线的变化，沙丘的颜色也在不断变幻，光影辉映，一半黑一半红，黑得沉静，红得妖媚。光线将地球上最古老的沙丘雕刻出各种迷人的造型。在一片瑰丽中，我感觉自己已无法呼吸。

两头剑羚在巨大的红沙丘下角斗，扬起红尘，开始一番力量的较量。它们身后，静谧雄伟的沙丘默默地见证着这一切。剑羚是直角非洲羚羊中最大的一种，它的脸上、喉部及背部有着独特的黑色条纹，看起来像极了大漠侠客。很少有大型哺乳动物生活在沙漠里，这些"游牧民族"最大的种群数量可达 200 头。为了适应严酷的环境，剑羚几乎不需要喝水，而是从食物中获得水分。

都说沙漠荒凉得"鸟不生蛋"，然而在这种极端干旱的地区却活跃着很多不起眼的生命。

古老的红沙丘下，两头正在角斗的南非剑羚

夜间从大西洋飘来的水分在沙漠上方形成了雾气，可深入内陆80千米以上，为沙漠生命提供了可靠的水源，营造了物种赖以生存的独特地理环境和生态体系，成为当地众多无脊椎动物、爬行动物和哺乳动物的重要栖息地与特殊庇护所。一只纳米布沙漠甲虫在沙地上留下了一串足印。它的翅膀上有一种超级亲水的纹理，同时还有一种超级防水的凹槽，二者共同作用，从外界吸取水蒸气。当亲水区的水珠越聚越多时，这些水珠就会沿着甲虫的弓形后背滚落入它的嘴中。

这里唯一的生命禁区是"死亡谷"，几百年前就已经枯死的骆驼刺树随着光线的变化，在干裂的土地上投下寂寞的影子，营造出充满幻觉的空间感和孤独感。我从空中发现了一个秘密：在大漠深处干涸的盐碱盆地上，一株枯树已然成了化石，倒伏在地上，散发着神秘而又令人畏惧的气息。干燥、贫瘠、毫无生命力的地方，却是摄影师的永恒之地。枯木老树就在那里冷冷地注视着我。这犹如一道命题，我却不知解在哪里。或许此刻放下相机，放空一切，什么都不做才是最好的。

离开红沙漠前往鲸湾，一路向南，疾驰在大西洋沿岸。司机指着路边说："你知道吗？这片荒野正是《疯狂的麦克斯4》里那场沙漠飙车的拍摄地。"哦，他说的就是我非常喜欢的南非影星查理兹·塞隆主演的那部电影，我的脑海里又浮现出影片中的末日情景，很符合纳米比亚的气质，为蛮荒与苍凉做出了最精彩的诠释。

附：鱼河峡谷

南半球最大的峡谷。大约在6亿年前，地球板块运动导致了地表沉降，形成了一条南北走向的地堑。3亿年前，冰河时期的冰川运动顺势而为，把峡谷削得更深，也更为陡峭，峡谷刀砍斧剁般的硬朗线条就是由冰川的力量切割而成的。峡谷汇聚了周边的水流，形成了鱼河——纳米比亚最长的内陆河。它发源于中部山地，向南流入纳米比亚与南非交界处的奥兰治河（Orange River）。虽然鱼河常年干旱，只在每年夏末才会泛滥，但水流依然不断改变着峡谷的形态，打造出今天宽27千米、深550米、延绵160千米的鱼河峡谷。这里是纳米比亚南部最壮观的地质景观。

▶ 夕阳下的鱼河峡谷

纳米比亚：狂野的北方旱地追踪

时　　间：2019 年 6 月
地　　点：库内纳（Kunene）、达玛拉兰地（Damaraland）
关键词：沙漠大象、旱地狮和黑犀

　　每次踏上非洲西南部的土地，等待着我的不仅是诗一般的浪漫旅程，还有各种超出想象力的场景：在沙丘上孤独行走的大象、沿着海岸觅食的旱地雄狮，以及突然出现在空荡荡的公路中间的如幽灵般的长颈鹿。那种不真实的感觉就好像《百年孤独》中的情景，是另一种魔幻现实主义吧。

▼ 纳米比亚西北海岸的沙漠大象

　　第一次听说纳米比亚有世界上唯一的沙漠大象时，我的眼睛一亮，立刻来了精神。后来我了解到，其实它们生活的地方并非完全的沙漠，而是旱地，更准确地说是河床两边的半沙漠地区。2015 年，我在颓废方丹（Twyfelfontein）旅行，因为车子在半道上坏了，搜寻沙漠大象未果。抱憾 4 年后，这次我专程来到北部的库内纳（Kunene）地区，终于在沙漠大象保护区（Desert Elephants Conservation）如愿以偿。

　　库内纳本是纳米比亚原住民——辛巴族（Himba）的地盘，我的目的地是距离辛巴红泥族所在的奥普沃（Opuwo）150 千米外的塞斯方丹（Sesfontein），未来 3 天我将从这里开始探索霍尼布河谷的秘密。旱地追踪的向导是德国人后裔，30 多岁，带着他的助手兼厨师，开着一辆带拖车的丰田越野车，专程从 300 千米外的骷髅海岸赶来和我们会合。6 月，霍尼布河谷干涸的河床成为越野车的理想车道，河床边长满了高高的芦苇。这条季节性河流长 270 千米，河岸两边的绿洲成为野生动物的庇护所。大象、鸵鸟、羚羊等动物沿着河道迁徙，寻找水源和食物。霍尼布的地下水还算丰富，滋养着可乐豆树和岸边稀薄的植被。这里的河流大都只是间歇性出现，这些间歇性水源维系着整个骷髅海岸（一直到安哥拉边境）的生态平衡。

　　前车扬起的沙尘挡住了我的视线。在干燥炎热的空气里，连鸟儿都看不见一只，我怀疑大象这样的庞然大物根本无法生存下去。然而，生命的出现比我想象的要快，几头剑羚不知道从哪里冒出来，在车前狂奔。我摇下车窗，目送着它们矫健的身影消失在沙丘后面。下一个出场的会是谁呢？我正琢磨着，车子突然停下。顺着向导手指的方向，右边百米外，一头大象站在空地上，在棕色山岩的衬托下犹如一尊雕像。我怔怔地看着它，反而有些不知所措。这是一头年轻的公象，在人造水池边饮完水（政府修建了数个人造水池，以方便旱季时动物饮用），它迈着稳健的步子从我们的车前走过。那一刻，我看到了它眼中的温柔。能够在这样恶劣的环境中生存，想必它一定磨炼出了非常坚韧的性情。

　　这些沙漠大象可以在没有水的情况下存活数天，因为可以从食物中获取水分。对沙漠环境的适应使得这些大象演化出易穿越沙地的更大的脚掌以及更小的群居数量（减轻对食物和水源的压力）。只见它走到一株巨大的金合欢树下，用长鼻卷下树叶。这是它在旱季可以找到的为数不多的食物。金合欢树不愧为木本植物中的优势物种，是非洲稀树草原的基石，它那夸张的伞形树冠让植株能以最少的树叶来获得最多的阳光。金合欢树的一些种类具备了发达的垂直根系，能够在干涸河床周围的半干旱地带生长，而另一些则有着浅而宽的水平根系，能在更干旱的地区接收有限的雨水。金合欢树的绿叶注定会被当作食物，一起支撑起以掠食动物为顶端的食物链。

　　然而，更大的惊喜还在前方。对面开过来的越野车司机告诉向导前方有狮子。我喜出望外，原本只期待看到沙漠大象，没想到还能见到更为罕见的旱地雄狮。20 世纪 80 年代，这些栖息在纳米比亚西北沙漠和海岸线之间的狮子几乎被当地农民和猎人猎杀殆尽，一度灭绝。直到 90 年代，人们才又发现它们的少量活动迹象，科研人员便一直跟踪研究至今。如果你看过 BBC 拍摄的纪录片《地球脉动 II》，就会知道里面那个狮群捕杀长颈鹿的镜头正是在此地拍摄的。

前方山坡上出现了一头雌狮，它也看到了我们，只见它不慌不忙地走过来。原来它的姐妹正在一处树荫下趴着。两头狮子卧在一起，我们的车子停在 30 米开外。这是一对 3 岁左右、刚刚成年的雌狮，脸上的稚气尚未褪去，腿部和腹部的斑点还隐约可见。脖子上的项圈表明它们的行踪都在科研人员的掌握之中。海岸和沙漠地区的狮群大都被定位追踪研究。旱地狮比我以前在博茨瓦纳见到的狮子更为健硕，有点"婴儿肥"，肉嘟嘟的，十分可爱。它们相互舔着对方的毛发，每个动作都透着浓浓的爱意，姐妹情深。我被眼前这种温馨的场景深深打动，大自然总能让我看到动物世界最美好的部分。

傍晚，我们在保护区的河谷中露营，路上见到一个调查员，原来附近有头雄狮出没，它昨天偷吃了部落的一头牛，被村民上报了。按照规定，凡是被狮子吃掉的牲畜，政府都会予以补偿，这样才不会激化当地人与野生动物的矛盾。露营地建在高处，设施很完善。晚上，厨师做的烤肉很香，我担心会引来那头饥饿的雄狮，好在附近还有 3 批游客。夜深了，一轮圆月高悬，什么都没有发生。

旱地狮姐妹亲昵互动

扫码观看

　　第二天，我们与向导分手，进入达玛拉兰地（Damaraland）。这次下榻的格鲁特贝格酒店（Grootberg Lodge）隶属当地的一个由原住民社区管理的保护区，这个保护区的名字"≠ Khoadi-//Hôas Conservancy"很奇怪，不知道那些符号代表什么意思。1998年，这个带有公益性质的保护区项目在格鲁特贝格农民联盟（Grootberg Farmers' Union）的推动下启动，旨在改善当地原住民社区的福利，发展生态旅游，提供更多的就业机会。虽然服务质量不敢恭维，但酒店的位置绝佳，十几栋茅草顶的石头小屋就建在伊滕德卡高原边缘，我们可俯瞰壮观幽深的峡谷。那些巨大的花岗岩风化后形成的平顶山是亿万年来的地质奇观，在日落时分尤其绚丽。

　　我们刚到酒店所在的山脚下，便发现了对面山坡上有3头大象。这是个好兆头。第二天凌晨5点，我们便出发寻找黑犀。披星戴月，我坐在越野车上，即使裹紧毯子，仍然感觉生硬寒冷的风从四面八方吹来。沙漠地区早晚温差非常大，从夜间的零摄氏度到白天的20多摄氏度。一小时后，天空逐渐变成粉红色，群山在朝霞中醒来，被光线勾勒出优雅的线条。远处，一头岩羚站在高高的石头上，警惕地注视着周围。汽车离开公路驶入山谷，这是一段没有路而只有方向的越野，疯狂刺激，成为整个行程中最令人难忘的片段，寻找黑犀倒是其次了。

　　太阳升起，阳光照亮了山谷。向导巴尔曼指着地面上的一个巨大脚印，确认刚有一头公犀牛经过，它甚至在地上拱出了一个大坑。这个文质彬彬的向导更像个学者，他从2006年便开

▼ 长颈鹿的山地亚种，其体表的色彩与周围环境和谐一致

始在保护区工作，熟悉这里的每一头犀牛。两个追踪手先我们一步，已经在黑犀出没的区域搜索开了，他们很快便通报在前方山上发现了一头母犀牛带着一头小犀牛，正朝着山顶行进。我们立刻绕到山的另一侧，然后下车，徒步到山顶。40分钟后，果然看到对面山上的黑犀母子，但距离非常远。"这是13岁的玛利亚和它一岁的儿子，以前它还生育过4头。这个区域是玛利亚的地盘，附近应该还有一头公犀牛。"巴尔曼介绍说。带着幼崽的母犀牛警惕性很高。黑犀的视力不佳，但嗅觉极其灵敏。好在我们处于下风口，否则它闻到气味后会立刻带着小犀牛跑掉。

纳米比亚拥有非洲最大的处于"自由漫游"状态的野生黑犀种群，它们可以自由迁徙，没有任何防护措施。这也意味着它们完全暴露在偷猎者的枪口下。从1960到1995年，非洲黑犀的数量由于盗猎和栖息地丧失而减少了98%，仅存不足2500头，濒临灭绝。好在人们开始重视对它们的保护，黑犀的数量从25年前的历史最低点翻了一番，回升到今天的5500头左右。然而，人类的偷猎和黑市贩卖犀牛角的行为依旧困扰着这个物种的生存，黑犀仍然处于极度濒危状态。

在返回途中，我们与纳米比亚特有的哈特曼山斑马（Hartmann's Mountain Zebra，又称为哈氏山斑马）不期而遇。哈氏山斑马很容易与平原斑马区别开，它的个头更小，黑白毛色反差明显，腹部为纯白色，颈背部的鬃毛很长，条纹明显比平原斑马细。经过峡谷底部时，我们竟然又遇到了两头雌狮。它们刚捕获了一匹倒霉的哈氏山斑马，饱餐一顿后正在树荫下休息。向导的一个举动惊动了一头雌狮，它迅速站起来呲牙示威，我们便赶快离开了。

纳米比亚的这场旱地追踪不同于之前的任何一场非洲猎游，让我惊讶的不是沙漠里有生命，而是有如此多的大型哺乳动物。这些居于食物链顶端的动物过着另类生活，没有人类过多干预的自由是一种充满了风险的奢侈。它们正小心翼翼地守护着脆弱的家园。生境险恶，人口密度低，反而给大自然留下了一定的空间，也给这些旱地生灵留下了更多生存的机会。

▲ 哈氏山斑马

纳米比亚：给"非洲大猫"一个家

时　　间：2019 年 6 月
地　　点：奥孔吉玛自然保护区（Okonjima Nature Reserve）
关键词：花豹、猎豹

　　"非洲大猫"在人类的贪婪与残酷面前不堪一击，然而我坚信，有杀戮者，就有保护者。从捕杀到守护，开创纳米比亚"大猫基地"的汉森家族的故事便是人类与野生动物化解矛盾的一个缩影。

在"大猫基地"中，
们遇见了这头一岁左
的小花豹

雕有镂空猎豹图案的大铁门缓缓打开，4年后我第二次进入奥孔吉玛自然保护区。这里是AfriCat，中文俗称"大猫基地"的总部所在地，一个家喻户晓的纳米比亚私人野生动物保护区。

由汉森家族拥有的这片约200平方千米的土地位于奥姆博罗科山区（意为"狒狒之地"），是赫雷罗族的地盘。历史可以追溯到1890年，德国殖民者在这里放养战马，因为山区的高海拔可以避免马匹染上非洲马瘟。20世纪20年代初，这里被改建成了奥孔吉玛农场。1970年汉森夫妇买下这片土地，用于养殖婆罗门牛和泽西牛，直到1993年牛群被卖掉。一开始农场的经营很顺利，然而后来陆续有小牛犊失踪，沙土地上的一串串梅花脚印似乎说明了问题。这些"大猫"不断光顾农场，平均每年要吃掉20～30头小牛，汉森一家损失巨大，于是抓住"凶手"成为首要任务。附近的其他农场也面临同样的问题，农场主们纷纷武装起来，设置陷阱，捕捉花豹、猎豹等。20世纪70至90年代的20年间，汉森家族平均每年都要猎杀3头花豹，然而小牛犊的数量并没有因此回升，依旧不断被新来的"大猫"捕杀。

意识到一味的杀戮解决不了问题后，汉森夫妇一筹莫展。他们的大儿子韦恩决定研究这些"大猫"的行踪。他用羚羊肉作为诱饵，在农场里搭起掩体进行观察。经过一段时间，他发现有8～12头花豹经常出没在农场周围。到了1986年，农场的转折点到来，韦恩的妹妹多娜遇见时任纳米布旅行用品公司经理的罗丝，得知她的很多客人喜欢观鸟，想在奥奇瓦龙戈（Otjiwarongo）附近寻觅一处观鸟胜地。多娜立刻想到了母亲——汉森夫人正是一个出色的"鸟人"（观鸟爱好者），于是汉森夫妇决定在农场中开展观鸟业务。

继开展观鸟业务后，奥孔吉玛农场又推出了躲在掩体里观看野生花豹的项目。1989年，在一次拍卖会上，汉森先生拍下了一头无人感兴趣的雌性猎豹幼崽，为其取名为"金格"。由于从小被人饲养，金格不怕人，生性友善，被放养在花园中，深受游客们的喜爱。奥孔吉玛农场救助"大猫"的行为很快就传开了，附近的农场主纷纷把受伤的或者掉进陷阱里的花豹、猎豹等食肉动物送到这里。"大猫基地"项目初现雏形。

1988年，韦恩大学毕业后返回奥孔吉玛农场，开始帮助家族经营农场和旅游观光业务。几年后，他的两个妹妹也相继完成学业，回归家族事业。此时的奥孔吉玛农场已经成为纳米布野生动物猎游（Namib Wilderness Safaris）旅行社的指定接待方，从温得和克前往埃托沙国家公园的旅行团通常会在此逗留一晚。

然而，随着越来越多的"大猫"到来，农场开始入不敷出，需要更多资金和空间来安置它们。1993年，名为AfriCat Foundation的非营利机构成立，旨在救助"非洲大猫"，改善纳米比亚的生态环境，解决当地农场主和"大猫"之间的矛盾。16年来，该机构已经陆续解救了1100多头狮子、花豹、猎豹以及其他食肉动物。它们中的绝大部分被放归野外，只有孤儿和受伤严重、无法在野外生存的动物才被留下。"大猫基地"除了保护区，还开设了普及"大猫"知识的游客中心、教育和研究机构，甚至为工作人员的孩子们开办学校，通过旅游收入和社会

捐款维持运营，成为纳米比亚生态旅游的成功典范之一。

2015年，我参观了这个游客中心，一个通过文字和标本展示进行科普教育的地方。在旁边的猎豹保育区内，当时有5头失去父母的幼豹。它们是被附近的农场主发现后送过来的。这5头猎豹为三雄两雌，如今4岁半左右，已经到了即将被放归野外的年龄。两头雌豹不停地沿着铁栅栏来回走动，它们的兄弟们正在另一个区域的树荫下伸懒腰，百无聊赖。"小小少年"眼中闪烁着一股淡淡的忧愁，外面的世界虽然精彩，但危机重重。

"大猫基地"的工作人员将那些亚成年猎豹放到"模拟自然区"散养，让它们用一年左右的时间学习捕食技巧。在这片仿野生自然环境中有食草动物，如长颈鹿、角马、剑羚、疣猪、羚羊等。猎豹有机会证明自己是否具有猎杀并回归自然的能力，如果能够成功捕食且生存下来，"大猫基地"的观察员将决定何时将它们完全放归大自然。

天空中盘旋着不少秃鹫。除了保护"非洲大猫"，"大猫基地"还设置了一个秃鹫喂食点。因为附近私人农场的农民为了驱赶猛兽，经常投掷毒饵，第一个受害者往往是眼力最佳的"天空之王"，结果必然是中毒死亡。有了固定安全的喂食点，这一带的秃鹫便可以幸存下来。杀戮与拯救，人类与自然的关系从来都是这样交错盘结。

4年后，重回"大猫基地"，我决定小住两天。清晨，向导开车带着我们来到山顶，用追踪器搜索一番后，顺利地在山下的灌木丛中找到了带着项圈的10岁雌豹莉拉，同时现身的还有它的两个一岁的孩子。温暖的阳光穿过树叶，将小花豹那身金色毛皮衬托得愈发美丽。这两个健康的孩子正在学习捕猎，很快便可以自立了。看着花豹母子在树丛中嬉戏，我不禁由衷地感到欣慰。"大猫基地"给了它们一个安全的庇护所，希望未来会更好！

两次短暂的拜访，让我对人与野生动物之间的这场永久的博弈有了更加直观与深入的了解。行走是一个课堂，在了解野生动物的同时，人类也在了解自己，思考生命的意义。

"大猫基地"的向导使用追踪器寻找花豹

博茨瓦纳：非洲野犬"王朝"

时　间：2019 年 6 月
地　点：乔贝国家公园（Chobe National Park）
关键词：非洲野犬

　　提起非洲的野生动物，非洲野犬算是另类了。它们没有"非洲大猫"讨人喜欢的外表，也极少成为摄影师镜头下的主角，直到在 BBC 拍摄的纪录片《王朝》中，才算第一次闪亮登场。拍摄到这些依靠团队智慧生存的掠食者是我在博茨瓦纳的旅行中最有价值的收获。不要以貌取物，人类需带着敬畏之心，善待这些智慧生命。

▼ 大象营地前的人工水坑是旱季时动物的救命水源

依旧是 6 月，南半球的冬季，我又踏上南部非洲的土地。在博茨瓦纳著名的乔贝国家公园，晨曦微露，天气寒冷，由 7 条非洲野犬（African Wild Dog，又名杂色狼）组成的狩猎团队在头领———一条经验丰富的母犬的带领下出发了。它们欢快地跑过长满耐旱植物的灌木丛，在沙地上扬起阵阵尘土。要追赶上这群兴奋的"猎手"并非易事。"抓紧扶手！"营地向导 JR 踩下油门，熟练地驾驶着改装的丰田敞篷越野车，开始了一场和非洲速度最快的动物之一的角逐。

来博茨瓦纳之前，我刚刚温习完 BBC 的系列纪录片《王朝》。我印象最深刻的既不是狮子和老虎，也不是王企鹅这种经常出现在大屏幕上的明星，而是眼前这些外表花里胡哨的犬科动物。这或许是它们第一次登上大片，作为主角出现，然而这一集彻底颠覆了人们的印象。在纪录片中，两大非洲野犬家族之间展开残酷追杀，一方是由年长的母野犬泰特带领的家族，另一方是它的女儿统治的数量占优的族群。泰特家族被后者追杀，不得不踏上逃亡之路，情节跌宕起伏。

智力超群的掠食动物总能吸引我们的目光，更不要说它们还具备复杂的社会性。一个非洲野犬族群通常由具备血缘关系的 6 ~ 20 条野犬组成，最多时可达二十六七条。它们擅长群体捕猎，勇敢机智，凶猛残忍，而内部成员之间则充满友爱温情，互相照顾，不离不弃。纪录片里最打动我的情节有两个。一是泰特手下的一条年轻的母犬在追逐猎物时不小心摔断了腿，它一瘸一拐地返回驻地时，姐妹们纷纷上前安抚它。在此后的半年中，它不得不依靠同伴们带回的食物养伤，直到痊愈。分享食物并看护体弱多病的成员，这种行为恐怕在动物世界中是独一无二的吧。另一个情节是泰特成功地挽救了族群的命运后，考虑到自己已年老体弱，无法再担负起头领的责任，为了不拖累大家，它悄悄地离开了族群。而它的公犬伴侣也甘愿陪自己的"女王"终老在狮子的领地上，结局令人唏嘘。看完后，我的心情久久不能平复。那一刻，我已经喜欢上了非洲野犬。

初识非洲野犬，是 4 年前在纳米比亚的哈纳斯野生动物保护中心。当时，我觉得它并不好看，似狗非狗，四肢细长，皮毛由橙、黑、白三色组成。据说每条非洲野犬的体毛斑纹都不同，犹如人的指纹。狗有 5 个脚趾，而它只有 4 个。大而圆的耳朵像极了阔耳狐的，百无聊赖时耳朵耷拉在脑袋两边，底部宽软，顶端尖削，好像蝴蝶展开的双翼。一旦周遭环境有

▲ 非洲野犬（亚成年）

变，"蝴蝶耳"立刻在头顶竖起，变成了圆润的"蝙蝠耳"，任何细微的声音都可收入。没有猫科动物的利爪，非洲野犬在捕食时只能猛咬猎物，尤其是猎物的腹部。猎物往往还活着的时候内脏就被非洲野犬掏出。这种捕食方法极为有效，但也很血腥，为此很多人不喜欢非洲野犬，称之为非洲大陆最残忍的食肉动物。非洲野犬精力充沛，一刻也不停歇，就像面前的这一群。

这群非洲野犬突然停了下来，"应该是发现猎物了。"JR 做了个手势让我们保持安静。它们低头寻找着什么，然而这一次的猎物有些麻烦，竟然是只蜜獾（Honey Badger）。蜜獾是非洲草原上有名的"扛把子"，绰号"平头哥"，享有"世界上最无所畏惧的动物"的称号。别看它的体形不大，但不畏狮子不怕豹，勇往直前。面对一群非洲野犬，这只蜜獾也许觉得大早上还是别干架了，走为上策，就迅速消失在灌木丛中。野犬们也不再纠缠，重新上路，像阵风一样消失在我们的视野里。JR 赶紧发动车子追上去。

在非洲野犬的引领下，我们惊讶地发现竟然回到了酒店——贝尔蒙德大象营地，原来营地前的水坑是它们的目标。此刻，水坑前只有一条斑鬣狗在静静地饮水，非洲野犬的到来打破了它独霸水坑的状态。好歹也是排在狮子之后的非洲第二大食肉动物，斑鬣狗却像见了鬼一样夹着尾巴仓皇逃窜。即使这样，一条非洲野犬依旧不依不饶地追上去。落单的斑鬣狗绝对不是野犬群的对手。

非洲野犬的行动十分高效，它们没有在水坑边过多停留，三五分钟就喝完了。趁着清晨天气凉爽，它们要干的事情很多。经过我们的车旁时，野犬头领幽幽地瞥了我一眼，低着头过去了。我注意到它脖子上的项圈。为了保护和研究这种濒危动物，数个专门机构在跟踪不同地区的野犬群体。《王朝》节目摄制组就是在其中一个机构的帮助下，搞清楚了片中这些非洲野犬的关系，得知了追杀泰特家族的正是它的一个女儿。这个机构跟踪了 20 多年，发现这个地区有 280 条带有泰特血统的非洲野犬。这条伟大的母犬头领在种群繁衍上功不可没。

傍晚，我们再一次见到这 7 条非洲野犬。白日里气温升高后，野犬会寻找阴凉的地方休息。最近，JR 发现它们经常出没在小机场旁边。果然，在跑道边，野犬们正在呼呼大睡，其中有一条刚刚成年，一岁左右，虽然个头已经不小，但表情要稚嫩得多。随着气温的下降，野犬们开始起身活动，它们主要在早晨和前半夜狩猎，如果月光明亮，甚至会忙活一整晚。非洲野犬狩猎时依赖视觉而非嗅觉，更擅长长途奔袭，而非隐蔽偷袭，速度最快可以达到 55 千米／小时。它们可以持续追捕，直到猎物疲惫不堪。加上团队协作狩猎，非洲野犬在非洲"草原杀手"中仅排在狮子和斑鬣狗之后，位居第三。

野犬们欢快地相互打斗玩耍，展示了冷酷"杀手"的温情一面。非洲野犬之间的社会性互动很普遍，它们通过接触、打斗和叫声来交流。有趣的是，它们发出的嘈杂声音有时像猫叫，有时像鸟鸣。非洲野犬是典型的母系社会，一个群体通常由一对夫妻管理，母犬头领每年生育一次，一次可生育多条幼崽（十几条很普通），是犬科中的高产户。幼崽由整个群体共同照看。

面前的这个群体没有幼崽，所以它们可以四处游荡。带着幼崽的非洲野犬群有固定的巢穴——通常利用其他动物（比如土狼）的巢穴。母犬生产后不能捕食，其他野犬负责外出捕猎。它们将食物带回巢穴分发给幼崽、担负哺乳重任的母犬以及年老力衰和伤病的同伴，剩下的才是猎手们的食物。整个族群分工明确，非常有秩序。有意思的是，野犬通过反刍方式为幼崽和其他伙伴提供半消化的食物，一来为了避免被其他食肉动物半道"打劫"（毕竟放在肚子里最安全），二来小家伙们也可以吃到容易消化的食物。

在莫瑞米野生动物保护区（Moremi Game Reserve）的大门口，一张"通缉令"引起了我的注意，"通缉"对象正是非洲野犬。这是苏黎世大学和博茨瓦纳"掠食者保护基金会"共同发起的"非洲野犬扩散研究"项目，旨在鼓励游客提供非洲野犬的活动信息，包括目击地点、数量以及是否戴有全球定位系统（GPS）定位项圈等，有图片最好。可惜我们在这个保护区中没有见到任何非洲野犬。

目前，非洲野犬的数量从100年前的百万条锐减到现在的6000条左右，仅存于6个国家（肯尼亚、坦桑尼亚、南非、博茨瓦纳、赞比亚和津巴布韦），其中南部非洲最多，在其他地方已难觅其踪。非洲野犬被认为是全球面临最大绝种危机的食肉动物。栖息地丧失和碎片化，迫使它们不得不缩小群体数量，游走在日益减小的领地里。对于这种活动范围非常大的掠食性动物来说，事实很残酷。这个时候，新种群的出现很重要，于是那些从原先的野犬族群中离开的亚成年个体（兄弟或者姐妹）有可能去更为偏远的地方开拓自己的领地。"非洲野犬扩散研究"项目的工作人员将定位项圈安置在这些亚成年野犬身上，为的是追踪它们离开族群后的生活，得到的数据将有助于这些地区的管理者制定更有利于野犬生存的措施。

纳米比亚哈纳斯野生动物保护中心唯一允许在中心内进行人工繁殖的物种便是非洲野犬。这是一个艰巨的任务，尽管它们在野外有着极高的捕猎成功率（高达65%，远远大于狮子的30%），是非洲大草原上当之无愧的出色猎手，但它们经常被保护家畜的农民所猎杀，此外也非常容易感染家畜传染病，染上后便会导致一个族群灭亡。

非洲野犬矫健的身姿在夕阳下渐渐远去，它是用实力确立了自己食物链中顶级掠食者地位的物种，曾经广泛分布在撒哈拉沙漠以南的非洲，没有被自然法则淘汰，而今却在与人类争夺领地和资源的战斗中败下阵来。祝愿非洲野犬的族群可以顽强地生存下去，因为这个世界不仅属于人类，同样属于许多美好的智慧生命。

非洲野犬

博茨瓦纳：乔贝草原上的传奇狮群

时　间：2019 年 6 月
地　点：莫瑞米野生动物保护区（Moremi Game Reserve）
　　　　乔贝国家公园（Chobe National Park）
关键词：非洲狮

　　在非洲草原上，每个演绎着传奇的狮群故事，讲起来都得三天三夜。然而，作为一个短暂到访的游客，我所能记录的仅是博茨瓦纳国家公园中某个狮群的一个日常片段。位居非洲草原食物链顶端，它们的情感世界远比我们想象的复杂，生活也远比我们所了解的艰苦。这些食草动物的梦魇自然不是善良的天使。狮子的世界里没有"怜悯"这两个字，只有谁比谁更顽强地活着。

▼ 博茨瓦纳乔贝国家公园里的雄狮

博茨瓦纳著名的乔贝国家公园中，干燥与炎热加剧了空气中不安的气氛。扭角林羚（又称为大旋角羚，Greater Kudu）紧张地注视着前方，向导 JR 顺着它的目光搜寻。"食草动物发觉有危险时，会专注地盯着食肉动物可能藏身的方向。"他说。这里每天都上演着性命攸关的追捕大戏，掠食者和被掠食者谁都不敢掉以轻心。大旋角羚的天敌也正是我们的目标，掠食者当中最容易见到的就是狮子了。宽河营地的夜晚，从房间里就可以听到雄狮的吼叫，那是在呼唤白日里暂时分开的同伴或者狮群，开展夜间狩猎的信号。伴着狮吼入睡，这种感觉很棒。

英文中的"狮群"（Pride）和"骄傲"是同一个词，我似乎已经看到雄狮傲骄的神态，一头浓密的鬃毛飘扬在风中。狮子是猫科动物中唯一雌雄两态的物种，即只有雄狮拥有漂亮的鬃毛。生物学上将雄狮鬃毛的作用定义为：雄狮之间实力的显示、雌狮择偶的标准。鬃毛对雄狮有一定的防护作用，但同时也会削弱它的攻击能力。从捕猎角度来说，鬃毛使雄狮很难隐藏，容易被猎物发现，这就是美的代价吧。

狮子的平均体重在"大猫"中仅次于虎，也是唯一的群居猫科动物。一个狮群的成员数目在 4 到 30 头之间，平均为 15 头。成员以雌狮为主，往往由不止一头成年雄狮统领，它们通常是兄弟，但头领只能有一个，它可以拥有更多的交配权。狮王自然威风得很，但更多的雄狮在进军宝座的途中就夭折了。雄狮从少年时期被逐出狮群成为流浪狮起，便注定了要漂泊一生。从流浪汉成长为头领，一般需要两年以上的时间。为了生存，它们开始结盟学习各种技能，时机成熟后再挑战其他雄狮。这期间的死亡率相当高。所以，雄狮的生活艰辛程度和死亡率都远远高于雌狮。野生状态下的雄狮自然老死的不多，要么为争夺领地而战死，要么因伤病而死，活到十几岁的极少。

白日里，我们遇见的雄狮无一不是懒洋洋地躺在树荫下睡大觉。听到车子发动机的轰鸣后，它才不情愿地睁开眼，爱搭不理地瞥我们一眼。然而，在现实中，雄狮真的只知道要酷，懒惰而又颓废吗？答案是否定的。在狮群的日常生活中，雌狮忙着集体狩猎，雄狮们则花时间标记和保卫领地与狮群，游离在外并不影响它们的地位。然而，这种关系也是暂时的，雄狮对狮群的统领时间从几个月到几年不等，这要看它是否有足够的能力击败外来的雄狮。强大的雄狮联盟甚至可以游走在几个狮群间，掌控与这些狮群的雌狮的交配权。虽然不用养家，成为狮群头领后的雄狮的工作依然十分繁重，每天要辛苦地视察领地：边走边将尿液排在通道上的灌木丛、树丛或者地上，留下这些刺激性气味，宣示它们的领地范围。遇上入侵者，哪怕是不巧经过的陌生狮子，雄狮都会咆哮着警告来者。来势汹汹的外来雄狮或者狮群内部实力增强到一定程度的年轻雄狮，都会向当前的狮王发起挑战，试图取而代之。这时一场生死攸关的激烈厮杀在所难免。战败者伤痕累累、落荒而逃已经是不幸中的万幸了，多数时候无论是挑战者还是卫冕者都是不成功便成仁，别无选择。

和马赛马拉大名鼎鼎的玛莎狮群（Marsh Pride，也称为沼泽狮群）同名，乔贝国家公园中也有这样一个传奇狮群。一个狮群往往由几代雌狮组成，可谓"铁打的雌狮，流水的雄狮"。萨乌提（Savuti）草原上的玛莎狮群最多时有 30 多头雌狮，现在也有 22 头。要养活这么多狮子不是件容易的事，自然要好好考虑下狩猎对象。对于狮子来说，大象并非理想的猎物，因为它的体形过于庞大，狩猎难度很高。当然小象是例外，那得在母象不在身边的情况下。狮群会有意引开母象，攻击小象。然而，乔贝国家公园的玛莎狮群却会猎捕大象，无论是成体还是亚成体，而且成功率相当惊人。纪录片摄影师贝弗利和德雷克·朱伯特发现，从 1993 到 1996 年，这个超级狮群成功捕猎了 74 头大象。在 BBC 拍摄的《脉动地球》系列纪录片中，就有一段玛莎狮群夜捕大象的内容，非常震撼。

一天早上，玛莎狮群的一个小分队（由 7 头雌狮和一头亚成年雄狮组成）刚刚捕获了一头小野牛。等我们赶到的时候，狮群已经吃饱了，正在草地上休息。估计被围观得有点烦，它们站起来决定换个清静的地方。一头年轻的狮子舍不得野牛头，将其叼起来屁颠屁颠地跟在狮群后面。JR 告诉我，食物不够分时，玛莎狮群会分散成更小的单位活动，这样捕到的猎物大家都有份儿。那些需要哺育幼狮的雌狮甚至会单独出来加餐。

每个狮群的领地范围相当明确，在猎物充足的地方，20 平方千米就够用，而在猎物稀疏的地区，400 平方千米的领地也是可能的。雌狮成年后通常会留在原来的狮群中，形成母女、姐妹、姨表亲等关系。但是，也会有个别雌狮由于各种原因而加入别的狮群。狮群的成员们一般会分散成几个小群体来度过每一天，当聚猎杀戮或者集体进餐时又会合到一起。

说起捕猎，似乎我们在纪录片中看到的都是雌狮集体作战，实际上雄狮的捕猎能力也很强。至少在流浪期间，雄狮就必须自食其力。只是它们的数量少，无法像雌狮那样完成高效的集体捕猎，只能采用偷袭手段。相对于雌狮，雄狮的力量更大，可以捕食体形较大的动物。如果有雄狮参与狮群的集体狩猎，它往往就是给出致命一击的那个角色，而非大家认为的雄狮只会坐享其成。为了生存，狮群中的任何一员都必须竭尽全力。

▲ 饱餐后正在饮水的雌狮

▲ 尚未成年的小狮子叼着野牛头玩耍

在宽河营地的最后一场猎游中，我遇到了一个刚刚完成杀戮的狮群，它们捕杀了一头强壮的野牛。被掏肛破腹的野牛尸体看起来很血腥，雌狮们的脸上血迹斑斑。吃饱了以后，它们三三两两地走开，有的去水坑边饮水，有的互相整理毛发，还有一头年纪不大的狮子抱着牛头啃个没完，把猎物当成了玩具，玩得不亦乐乎。在树荫下，3 头狮子姐妹耳鬓厮磨，互相舔着对方脸上的血迹。从表情上看，它们显然很享受这样的时刻。这是狮群联络感情的重要方式。雌狮从小一起长大，从玩耍到并肩战斗，早已形成默契的配合。它们是依赖整体实力存活下去的物种，维系家族成员间的关系非常重要，包括共同哺育幼崽。雌狮的孕期一般是 3 个半月，一次生 2 ~ 4 头幼崽。抚养幼崽是狮群中所有雌狮的共同责任，幼崽能找狮群中任何有奶水的雌狮吸奶而不仅限于生母。不过，据说雌狮给自己娃儿的奶水要比给别的娃儿的多。

"今年一对姐妹雌狮产崽，小狮子已经 3 个月大了，它们的父亲就是我们刚刚看到的那头卧在树荫下的雄狮。"JR 试图带领我们找到小狮子，然而雌狮非常警觉，隔三差五就转移小狮子的藏身地。白日里，没有雌狮在身边，小狮子会乖乖地躲在灌木丛中，只有当妈妈回来呼唤它们时才会出来。我们没有找到幼狮，却遇见雌狮在水坑边饮水。它喝够了以后，慢慢地踱步到树荫下休息，盘算着下一场狩猎的目标。

傍晚，JR 决定再去试试运气。这次刚好遇到雌狮回来了，它正在给两个小家伙哺乳，饿了一天的小狮子狼吞虎咽地吮吸着。"这两个小家伙已经被雌狮介绍给其他家族成员了，它们被顺利地接纳了。"JR 告诉我。我很幸运地见证了这样一个温馨的时刻，再过些日子，雌狮就可以带着孩子们回归狮群了。雌狮对于幼狮非常呵护，它们最大的威胁来自外来入侵的雄狮。通常小狮子要长到两岁以上才能够独立生存。在此之前，雌狮不会进入发情期。入侵的雄狮需要杀死前任狮王的后代，雌狮才可以再次进入发情期。雄狮头领的鼎盛时期只有 4 年，在此期间它要尽可能多地繁衍自己的后代，不然可能一辈子都不会有机会留下自己的血脉。

第二天早上，告别乔贝国家公园的最后一场猎游中，我们又幸运地遇见了那母子 3 个。两头小狮子活泼地围在母亲的身边，好奇地打量着我们。可爱的小辛巴，你们是乔贝国家公园留给我最美好的记忆之一。

正在哺乳两头幼崽的雌狮

博茨瓦纳："大猫"天天见

时　　间：2019 年 6 月
地　　点：莫瑞米野生动物保护区（Moremi Game Reserve）
　　　　　乔贝国家公园（Chobe National Park）
关键词：花豹、猎豹

　　我为乔贝国家公园设计的口号是"大猫"天天见。在这里不仅每天都可以遇到狮子，而且连害羞又喜欢独行的花豹也都如期而至。其中，既有隐蔽在树丛中的温柔的雌豹，也有在树上大快朵颐的雄豹。相比之下，我与猎豹的邂逅要浪漫得多，因为有幸陪猎豹兄弟一起看了场草原落日。

扫码观看

正在享用疣猪的雄豹

虽然之前在南非猎游时遭遇过花豹的袭击，心有余悸，但并不妨碍它成为"非洲五霸"中我的最爱。外形帅不说，作为"独行侠"，花豹具备更高超的生存智慧。它比狮子更加机敏，善于隐蔽偷袭，虽然其速度比不上其小兄弟猎豹，但狩猎成功率高得多。耐心是一个重要因素，据说为了接近猎物，花豹可以在附近足足趴上一小时，一动不动。如果单挑同体重的生物，花豹几乎无敌，堪称非洲大草原上的实力派。

6月6日清晨6点，我们从贝尔蒙德的宽河营地出发，前往附近的莫瑞米野生动物保护区。原野上静悄悄，沿途可以看到大象、长颈鹿、瞪羚等常见的食草动物，气氛一片祥和。转悠了一个多小时，女向导LG开车带我们来到一片茂密的灌木丛边上。已经有两三辆车子停在附近了，原来里面藏着头花豹。透过密密叠叠的枝干和树叶，我辨认出那身漂亮的形似玫瑰的黑圈斑纹，一头雌豹背对着我们正安静地趴在地上。这些浓密的枝叶能遮掩身形，阳光透过树叶形成的光斑和它身上的斑纹互相辉映，具有极佳的隐蔽效果。此刻我们所做的只能是等待，大家默不作声，耐心地等候了十几分钟。它终于起身换了个地方，这下可以清楚地看到那张迷人的面孔。它不时向我们投来毫无敌意的一瞥。

这时坐在后排的同伴因为视线被遮挡，竟然擅自下了车，绕到我的身后。灌木丛中本来十分放松的雌豹立刻站了起来，它脸上的表情瞬间变得狰狞，龇牙咧嘴。我第一次知道了什么是"吹胡子瞪眼"。一看不妙，同伴慌忙跳回到车上，这下子把本来没有注意到他下车的向导吓了个半死，慌忙驾车驶离现场。事后，同伴遭到严厉的批评。猎游纪律的第一条就是严禁离开车子，因为在猛兽的眼中，车子这个庞然大物连同上面的人是一个整体。如果人车分离，它会立刻辨别出人形。因为人是它的大敌，便会成为袭击目标。有了这次经历，任何人再也不敢下车了。

第二天清晨，我们又幸运地遇到了两头花豹，同样是在很隐蔽的树丛中。现在正值交配期，花豹经常成双成对出现。雄豹的领地比雌豹大，通常允许重叠。美丽的雌豹安静地趴在地上，以一种只有猫科动物才有的悠闲方式来消磨时光，从不轻易消耗体力。它的眼神特别温柔。我第一次注意到花豹那长长的胡须，据说胡须的根部布满神经，连轻微的动静都能察觉到，甚至可以判断气流和风向。它的眉毛上还有几缕长毛，有助于保护眼睛，在灌木丛间移动时不至于被刮伤。

不远处，它的伴侣正在啃食一头疣猪，应该是昨夜的收获。作为夜行动物，花豹习惯在夜间狩猎。雄豹看样子饿坏了，正忙着进食，完全无暇顾及20米开外我们这些无聊的看客；可以清楚地听到它啃食疣猪骨头时发出的巨大"嘎吱"声，那是多么强大的颚啊，足以杀死和肢解猎物。花豹的吃相比起群体狩猎的掠食者（狮子、鬣狗和非洲野犬）都要斯文得多。很快猪头就被它吃光了。下午，等我们再回到这里，雄豹已经将吃剩下的半扇疣猪拖上了树。花豹擅长攀爬，肩部和前肢的肌肉非常发达。在东非稀树草原，花豹还会经常爬到树干上，更好地观察周围的情况。豹是唯一把树作为家的大型猫科动物。如果猎物比较大，花豹吃一阵子便会出去巡视一番或者休息一下，然后接着吃。高悬在树上的食物可以有效地防止其他食肉动物和食腐动物偷窃，树俨然成了花豹的食品储藏室。

　　经常尾随"大猫"们，在它们捕猎成功后捡个漏儿的是草原上来无影去无踪的黑背胡狼（Black-backed Jackal）。黑背胡狼又叫黑背豺，是胡狼家族的三大成员之一（另外两种为亚洲胡狼和侧纹胡狼），主要分布于非洲东部和南部的沙漠地带。它们经常悄无声息地出现在狮群、猎豹或斑鬣狗的狩猎现场，为的是分一杯羹。那天早上，我们遇见玛莎狮群的小分队猎食完起身离去后，3只黑背胡狼不知道从哪里鬼鬼祟祟地跑过来，捡拾剩下的碎肉。据说狮子、猎豹和斑鬣狗对黑背胡狼的容忍度比较高，但花豹则是它们的大敌。

　　相对于花豹，在乔贝草原上，猎豹兄弟的登场要低调安静得多。它们的生活很有规律，早晚捕食，白天找个凉快处趴着。清晨，我们在林中遇到一对猎豹正在休息。兄弟俩看起来皮毛光滑，状态不错，向导JR判断它们在5岁左右。猎豹恐怕是非洲最不会攻击人类的食肉动物了，不过它们还是有些警觉，分别注视着前后不同的方向。

　　前面介绍过，在非洲的食肉动物中，猎豹最受欺负：狮群惹不起；花豹这个劲敌又可以轻易打败它们，躲都躲不过；而斑鬣狗则是猎豹心头永远的阴影，甚至黑背胡狼这个小东西也会明目张胆地打劫它们，还经常向其他饥饿的肉食者发出信号：猎豹有食物，来抢吧！难怪猎豹一天到晚总是一副忧心忡忡的表情，在饥饿与危险中生存不易啊！

　　我们又在草原上游荡了一天，眼看黄昏将至，JR跳上树干向远处眺望，似乎有所发现。"那边有个美国国家地理的摄影师正在拍摄，我们过去和他商量下，看能否加入。"果然，摄影师正在拍的正是那对年轻的猎豹兄弟，它们卧在土坡上，看着太阳像火球一样坠落在草原上。征得摄影师同意后，我们的车子绕到他的身后，将落日、猎豹与摄影师一同收入了画面，再也没有比这更动人的场景了。

附：乔贝国家公园

　　建于1920年，最初是贝专纳保护地殖民者的狩猎区。1967年，政府正式将它列为国家公园。它是博茨瓦纳的第一座国家公园。乔贝国家公园位于该国北部，与津巴布韦、赞比亚和纳米比亚接壤，由乔贝河和岸边的大片森林及灌木林组成。乔贝河是博茨瓦纳的界河，河的另一侧就是纳米比亚。乔贝国家公园拥有陆地和河道两部分，因此这里的野生动物既有狮子、大象、长颈鹿、大蜥蜴等陆地动物，也有鳄鱼、河马等在水里生活的动物。这里尤其以壮观的象群著名，大象的数目估计在6万头左右。

▶ 向导JR发现了远处的猎豹兄弟

博茨瓦纳：食草动物秘闻

时　　间：2019 年 6 月
地　　点：莫瑞米野生动物保护区（Moremi Game Reserve）
　　　　　乔贝国家公园（Chobe National Park）
关键词：非洲象、长颈鹿

　　从象粪中觅食的豚尾狒狒、跪着进食的疣猪、在水坑前保持秩序的象群，这些常会被忽略的细节其实透露了动物世界的很多秘密。它们在非洲这片广袤的大地上享受温暖，面对生死的挑战，也带给我们启示与思索……

▼ 博茨瓦纳乔贝国家公园是非洲象的王国

　　非洲这片大陆上的生命各有各的精彩。让我们把目光暂时从"大猫"身上移开，来关注下那些食草动物吧，比如"非洲五霸"中的非洲象。在贝尔蒙德的大象营地，我生平第一次花了整整一个下午的时间近距离观察象群。

　　博茨瓦纳堪称非洲象的天堂，优越的地理环境和相对较少的偷猎活动让大象数量从1991年的5.5万头直线上升至目前的16万头，占非洲象总数的40%。乔贝国家公园更以拥有世界上最密集的象群（约6万头）而闻名，平均每10头非洲象中就有一头生活在乔贝国家公园，"大象之都"名不虚传。

　　大象营地专为动物们修建了一个人造水坑，利用水泵24小时从地下抽水上来，旱季成为附近动物的重要水源。前来饮水的动物络绎不绝，主力军当仁不让是大象，多则三四十头。羚羊、长颈鹿和非洲野牛也是常客。酒店露台下面还专门建了一排正对着水坑的观察口，非常隐蔽，角度更低，距离大象也更近，就是气味太刺鼻。

　　午后，正是一天中最炎热的时候，我躲在掩体里观察。一小时内先后来了六七拨大象，不大的水坑始终处于满员状态。相对于混合着泥沙的浑浊污水，出水口流出的清水口感肯定最佳，于是源头便成了大象们竞相占有的资源。我发现占据有利位置的总是那么几头成年大象，直到喝饱了才让给后面排队的大象。当然，也有不去喝"纯净水"的大象，独自在较远的水洼饮水。估计这些大象在族群中的地位不高。

　　大象的社会关系比较复杂，水坑边每当有新的象群到来时，领头的大象都会上前和地位高的大象打招呼，象鼻相碰。接受了前者带着敬意的问候以后，后来者才带着象群慢慢地走进水坑。偶尔也会出现一些不和谐的声音，有的大象看对方不顺眼（多半是公象之间），发出咆哮，扬起长鼻驱赶对方，不让其靠近水源。大象除了用灵活的长鼻子吸水，还喜欢把水洒在身上降温。一头大象用鼻子吸满水后，喷向旁边的一只巨鹭。不知道是大象淘气还是它嫌巨鹭碍事，总之将它赶走了算。水坑边的其他动物谨慎地和象群保持着距离。这就是野生动物世界的规则，每种动物都清楚自己的位置。

　　大象是典型的母系社会，由"族长"——一头富有经验的母象确定象群每天的行动路线、觅食地点、栖息场所等。喝完水，"族长"带着众象排队离开，静静地来，静静地去。在母系社会中，小公象成年后（12到15岁）会被赶出象群。这些"大男孩"组成松散的群体，时常聚在一起玩耍打闹。公象不像母象那样擅长交际，独来独往的多。除了交配期，公象一般不太接近象群。

　　大象的聪明还表现在超凡的记忆力上，它能记住什么季节、什么地方有丰盛的草，哪里有水源，以及辨认地下水标识，干旱的时候挖地找水喝。乔贝国家公园里修建了多处人造水坑，大象不用长途跋涉找水了，只要记住水坑的位置即可。夜幕降临，水坑边依旧有十余头大象。在莹莹灯光下，这样的场景看起来有些诡异，不禁让我想起那个关于"大象坟场"的古老传说：

老象知道大限将至时就会悄然离开象群，独自走进密林幽谷中的"大象坟场"，在那里等待死亡的来临。

以家族方式成群出现的还有长颈鹿，上一次见到还是在南非。长颈鹿仅生活在非洲大陆上，它们在200万～125万年前形成了遗传学上不同的4个种类：网纹长颈鹿（分布于肯尼亚东北部、埃塞俄比亚和索马里）、马赛长颈鹿（分布于肯尼亚中部和南部、坦桑尼亚）、北方长颈鹿（分布于苏丹、刚果和尼日利亚等地）和南方长颈鹿（分布于南非、纳米比亚、博茨瓦纳、赞比亚和莫桑比克），其中北方长颈鹿和南方长颈鹿分别有2个和3个亚种。

在宽河营地的猎游中，我们遇见的这个长颈鹿家族有8头，它们正在一起聚餐。这一南方亚种身上的斑点较圆，底色为浅褐色，延伸至蹄处。它的个头比北方长颈鹿要矮，成年后也不过4米高。两头小长颈鹿紧随鹿群。看它们围成半圆吃树叶，倒也十分有趣。长颈鹿的舌头长达40厘米，呈青黑色，嘴唇薄而灵活，能轻巧地避开植物外围密密的长刺，卷食隐藏在里层的树叶。舌头上黏稠的口水以及舌头和嘴唇上的那层坚韧的角质都能防止它被刺伤。

会餐结束后，长颈鹿们迈着优雅的步子，慢悠悠地从我们的车前走过。看着它们那水汪汪的大眼睛，谁也不会想到这么温柔美丽的动物杀伤力却十分惊人。长颈鹿感觉受到威胁时，会一脚踢飞对方，狮子什么的都不在话下。在交配期，雄性长颈鹿还会用特有的甩脖方式攻击对方，好在这样的打架场面通常不太暴力。

仗着身高优势，长颈鹿比较容易发现危险，喜欢在宽敞的地区活动，以便观察敌情。但是长颈鹿喝水和卧下睡觉时最脆弱，因为它起身不容易，至少需要一分钟才能站起来。虽然长颈鹿是非洲大草原上最常见的动物之一，但在过去的30年里，由于非法狩猎和栖息地丧失，它的数量减少了近一半，现在总数还不到10万头。动物学家称之为"静悄悄地灭绝"。

疣猪是非洲草原上的常客，我们经常能看到它竖着笔直的尾巴一溜烟地小跑。它尾巴尖上的簇毛抖动着，好像移动的旗杆。《狮子王》里的彭彭美化了疣猪的形象，真实版的疣猪一点都不讨人喜欢：外形极像蟾蜍、猪及犀牛的综合体。公疣猪的上犬齿外露，向上弯曲形成獠牙，更添了几分可怖。然而，疣猪的生存能力超强，不仅可以适应高温和干旱环境，可连续数月不饮水，而且繁殖力旺盛并生性好斗，善于挖洞，以青草、苔草及块茎等为食，偶食腐肉。如果不是向导提醒，我恐怕很难注意到它竟然是前腿跪在地上进食的。原来疣猪的脖子太短，而脑袋又太大，如果不跪下，根本够不到地面上的食物。疣猪一边跪行一边用鼻子拱地的样子十分滑稽。

◀ 疣猪

南部非洲常见的豚尾狒狒（Chacma Baboon）是狒狒家族中最大的一种。一天早上，我们在营地附近遇到二三十只，它们互相追逐打闹，十分嘈杂。只有一只豚尾狒狒在专心捡拾大象的新鲜粪便，原来里面有很多尚未被消化的果实，真是得来全不费工夫，只要你不嫌弃它的出处。在营地附近经常可以看到长尾黑颚猴（Vervet Monkey），公猴以拥有动物中几乎是最浓烈放肆的某物而著称。不过我无缘得见，只在房顶上遇到过一对母子，它们很配合地让我拍摄到一张标准像。

羚羊恐怕是非洲大草原上数量最多的食草动物了，每次猎游见到四五种很正常。老朋友大旋角羚（Greater Kudu）还是那样英俊威武。瞪羚（Gazelle）每天都会结群到营地前的水坑喝水，稍有风吹草动便四散奔逃。驴羚（Lechwe）和转角牛羚（Topi，又称为南非大羚羊或黑面狷羚）是新朋友。水羚（Waterbuck）的臀部有一圈白毛，以尾巴为中心，好像"马桶圈"，极易辨认。当水羚结群奔跑的时候，这个醒目的"马桶圈"就和信号灯一样，让后面的同伴或者幼崽可以紧紧跟随，不至于跑丢了。

观赏动物有很多方式，博茨瓦纳可以提供船拍和航拍服务。到达宽河营地的第二天，我们便预订了空中游览。直升机舱门洞开，随着高度的增加，绚烂大地一览无余。蔚蓝色的河流蜿蜒流淌，两岸的纸莎草为"蓝色缎带"镶嵌了两道绿边。然而今年南部非洲大旱，期待中的"水上非洲"的壮观美景并没有出现，干涸的大地也透着无奈。今年，萨乌提草原上的动物们在水中奔腾驰骋的场面没有出现。除了河马，食草动物们一律优哉游哉地在草地上溜达。大象蹚过水草茂密的沼泽，水中的河马露出圆圆的脊背，一条巨大的尼罗鳄正在河边晒太阳，平原斑马与羚羊听到直升机声后四散奔跑，边跑边抬头。此情此景让我想起了儿时读过的童话故事，真实的动物世界更加令人着迷。

长颈鹿家族大聚餐

俄罗斯："棕熊王国"堪察加半岛

时　　间：2017 年 9 月
地　　点：堪察加半岛库页湖（Kuril Lake，Kamchatka）
关键词：棕熊

　　清晨，我从一片冰冷中醒来，听着双层帐篷外呼呼的风声。生平第一次露营，起点很高，选择了熊经常出没的俄罗斯远东地区的堪察加半岛。回想起 3 个月前，为了拍摄野生棕熊，我还躲在芬兰森林中的掩体里，现在却如此坦荡地进入它们的领地，真是不可思议。

▼ 堪察加半岛库页湖，火山下的棕熊

去的地方越多，发现对这个世界的了解越有限。自从踏上俄罗斯远东地区的堪察加半岛，见证"棕熊王国"的野性与壮观之后，我不得不感慨在这个星球上的那些与世隔绝的蛮荒之地，生命的脉动依旧强劲有力。

我第一次从 BBC 的纪录片中看到棕熊抓鲑鱼的场景，还是在成为生态摄影师之前，后来得知在北美的阿拉斯加和俄罗斯的堪察加半岛都可以拍摄到这种场景，两地相距也不远。从中国出发，后者肯定更方便。从北京到堪察加半岛的首府彼得罗巴甫洛夫斯克（Petropavlovsk），飞行时间不过 5 个多小时（在海参崴或者哈巴罗夫斯克转机）。2017 年 9 月，在棕熊大本营——堪察加半岛的库页湖保护区即将关闭时（每年只在 7 到 9 月对游客开放），我踏上了期待已久的旅途。

俄航的飞机即将降落在堪察加边疆区。窗外，蔚蓝的天空下，一座壮美的锥形火山赫然出现在下方，覆盖着积雪的顶部云雾缭绕。在巍峨火山的注视下，我们从云端降落到了地面。叶利佐沃机场就在火山脚下不远处，候机厅中的标识牌上除了俄文、英文和日文，竟然还有中文。据说简陋的行李提取大厅还是新修的，以前更小。俄罗斯远东地区远离中央政府，经济发展十分缓慢，各种设施陈旧落后。

从机场通往城市的路边矗立着一座棕熊母子铜雕：母熊叼着鲑鱼，昂首眺望远处的阿瓦恰火山。堪察加半岛的人口只有 33 万，一多半集中在首府，却栖息着 3 万头棕熊。在这里，人类居住地只占 5%，其余 95% 都是棕熊的家园，棕熊的密度堪称世界之最。我的目的地是南堪察加野生动物保护区（South Kamchatka Sanctuary）。由于那里不通公路，交通工具只能选择直升机或者全地形车（俄制六驱越野卡车）。

即使对于成熟的旅行者而言，出于安全原因，这个区域也无法独自前往。我参加的这个小团只有 5 个客人：一对意大利夫妇、一对澳大利亚华人小夫妻和我。除了俄罗斯司机，还有来自西伯利亚的户外向导库瑞尔和一个 23 岁的厨娘伊兰娜。这辆改装的重型卡车载着我们和 7 天露营所需的物资，从彼得罗巴甫洛夫斯克出发，向着南方挺进。

卡车很快离开大路，沿着半岛的西海岸，行驶在松软泥泞的道路上。一侧是鄂霍次克海（Sea of Okhotsk），另一侧是淡水湖泊，中间是平坦的低矮灌木和草地。单调的风景，加上一路颠簸，让人昏昏欲睡。偶尔停车下来方便，熊的脚印随处可见。向导告诫我们不可以往草深的地方去，棕熊可能躲在里面睡觉。然而，我却满心希望与它们不期而遇。可惜路上只见过一次，还在 200 米开外，那应该是一头大公熊，一听到车子的声音就慌忙跑开，远去的背影让我对即将进入的"棕熊王国"愈发憧憬。

第一天的路途很漫长，路上经过两个小镇，从前是渔业加工中心，后来没落了。街道上空空荡荡，住宅也人去楼空，有点"鬼城"的感觉。再往南走，索性连通信信号也没有了，彻底进入了无人区，只有呼呼的风声和海涛声，偶尔可见一两个渔民，捕鱼季节已经进入尾声了。午餐时简单吃了点面包、香肠和西红柿，晚餐时伊兰娜准备了用土豆和牛肉罐头做的汤。外面

漆黑一片，寒风凛冽，饥肠辘辘的我们挤在车上用餐，倒也热闹。晚上，库瑞尔选择了一处平坦避风的地方露营。他帮助我搭好帐篷。想到棕熊四处游荡，我有些不放心，问道："要是熊来了怎么办？""不用害怕，只要帐篷里没有食物，熊通常只是闻一闻，不会攻击人的。"库瑞尔安慰我。既来之，则安之，我决定带着耳塞入睡，这样熊来了也听不见。睡袋很暖和，我很快便进入了梦乡。

一夜安睡。第二天清早醒来，我钻出帐篷，阳光已经洒满原野，空气格外清新。伊兰娜准备了大列巴和麦片粥，简单吃过早餐后，我们便又上路了。下午到达距离湖区不远的一处露营地，这是当地负责管理地热电站的经理开的，露营设施齐全，甚至可以泡温泉。看时间还早，我们去参观了一下附近的地热电站。据说这是苏联时期的第一个地热电站，里面的设备还是20世纪40年代的，现在照样运转。不过，我更关心的是终于可以好好冲个热水澡了。

第三天一早，卡车便到达了湖边的指定地点，营地派出小船来接我们进入库页湖。远处的湖面上有几头棕熊正在捕鱼，船只的发动机声让它们慌不迭地上岸躲避。一路上，我陆陆续续看到10多头棕熊，果然是从人间闯入了"棕熊王国"。营地其实是一处专门研究棕熊和鲑鱼的科研站，平日里只有科学家和志愿者常驻，分内外两个区域，有电网隔离。夏季的7到9月，这里对游客开放。90%的游客都是乘坐直升机而来的一日游观光客，像我们这种能够住在营地里的游客非常少。大家正在搭帐篷，突然看到一头棕熊从营地的铁丝网外匆匆走过，这才发现原来营地周围都被熊道包围了，这是它们从湖的一侧到另一侧的必经之地。然而这里的棕熊早已习惯了人类的存在，极少与人类正面冲突。

清晨，掀开帐篷，看着太阳从火山后面升起。棕熊喘着粗气，不慌不忙地迈着步子，逆光下的身影格外雄健。9月，鲑鱼洄游已近尾声。虽然大多数棕熊已经饱餐了个把月，出来活动的次数越来越少，但我们每天仍然可以看到三四十头棕熊。房前屋后、小路上，随时随地都会与它们狭路相逢，其中既有单枪匹马的公熊，也有带着两三个熊孩子的母熊。在营地附近横跨湖面的栈桥上，人与熊相遇是常事，大家都很礼让，各自回避。在灿烂的阳光下，河里充足的鲑鱼让野蛮的棕熊也心平气和了不少，库页湖的世界很文明。

穿上营地提供的水裤，我站在鲑鱼出没的河中。不远处，几头棕熊正在全神贯注地抓鱼。3个月前，我还只能待在芬兰森林的掩体里，连大气也不敢出，现在竟然大模大样地走到棕熊的跟前。当然，持枪的向导在岸上警觉地注视着棕熊的一举一动。如果有危险，他就会立刻提醒大家。

只见一头大公熊站立了起来，好家伙，足有2米多高。据说南堪察加的棕熊是欧亚大陆上体形最大的棕熊，在世界上仅次于阿拉斯加南部的半岛巨棕熊和科迪亚克棕熊。得益于丰富的食物，库页湖是欧亚大陆上最大的鲑鱼洄游产卵地。加之温和的气候使棕熊的冬眠期较短，因此它的体形硕大。母熊的体形要比公熊小，毛色也更浅。不少小熊还戴着"白围脖"，这圈白毛随着年龄的增长逐渐消失。由于营养充足，这里的棕熊皮毛油亮，体形健硕，是我见过的最漂亮的熊。

抓鱼是个技术活儿，虽然河里鲑鱼成群，但要抓到也不容易。只见棕熊站在水里观察，等到鲑鱼游近了，才突然发动进攻，肥硕的身子奔跑起来却十分灵活，扑腾起的水花惊得鱼儿四处逃窜。它们瞅准时机，伸出熊掌，一爪扣住一条大鱼。这些挑剔的家伙会先吃鱼籽丰富的腹部，然后是味道鲜美的鱼肉，其余扔掉。岸边到处都是它们丢弃的鱼头鱼骨。

小熊一脸憨萌，还不会抓鱼。若实在饿极了，它们也会捡些死鱼来啃啃，这当然比不上活鱼鲜美。于是熊妈妈一抓到鲑鱼，熊孩子便冲上来抢，贪吃的样子特别可爱。堪察加的小熊成熟期比别的地方更长，要随母亲生活两三年。然而，最大的麻烦通常也来自这些熊孩子，它们的好奇心强。一次两头淘气的小熊竟然钻过电网闯进了我们的营地，走走停停，捡个塑料瓶子都能玩上半天。最后两个熊孩子被工作人员驱赶着连滚带爬地跑进灌木丛，惹得大家哈哈大笑，好在熊妈妈事后没回来找我们算账。这里的熊孩子有着比别处的小熊更为幸福的童年。除了母乳，它们吃得最多的应该就是肥嫩的鲑鱼。虽然也会面临大公熊袭击的危险，但总的来说，它们在库页湖的日子还是不错的。

最惊险的一次，我与一头大公熊单独相遇。当时我正在湖边拍摄，向导和其他人在不远的地方。一回头，我突然看到身后的灌木丛中露出一个毛茸茸的大脑袋，距离我很近，50米不到。棕熊也看见了我，开始有些犹豫，可能觉得只有我一个人问题不大，便慢慢地走了出来。好大一头公熊，我倒吸了口凉气，回头看了一眼向导，发现所有人都背对着我，根本没有看到熊。就在我犹豫着要不要喊人之际，大公熊也发现了其他人的存在，于是慢慢地退了回去，从另一侧下到湖里。我这才松了口气。

离开湖区的最后一天早上，我又遇见熊妈妈带着3个熊孩子出现在湖畔。母熊忙着召唤顽皮的小熊。我好想就这样一直坐在湖边，静静地看着它们，从日出到日落……与熊共享日月光辉，这样的时刻在我的生命中无比珍贵。初探库页湖，收获的不仅是震撼、喜悦与感动，更是人与自然和谐相处的终极生命体验。

▲ 棕熊抓鱼

俄罗斯：缥缈仙境遇熊记

时　　间：2018 年 9 月
地　　点：堪察加半岛库页湖（Kuril Lake，Kamchatka）
关键词：棕熊

　　二进库页湖，赶上一场大雾。缥缈雾气聚如幔卷，散如蝶飞。伴随着云雾聚散，火山奇峰忽隐忽现。棕熊们施展着各自的身手，与鱼儿展开一场追逐战，水花四溅，惊起一片飞鸟，恍如仙境。

▼　堪察加半岛库页湖的鲑鱼洄游为棕熊提供了丰富的食物

"想念米沙了，麻烦再帮忙订下 9 月湖区的营地吧，还有几个朋友想一起来。"提前半年，我便告诉堪察加的朋友。俄罗斯人称棕熊为"米沙"，意为"找蜜吃的熊"。自从第一次造访"棕熊王国"库页湖，我就如同被施了魔法，一直惦记着那里的熊孩子们，想念掀起帐篷看熊的日子。

时隔一年，终于又回来了。再次进入湖区，我坐在船上，看着周围熟悉的景色，思绪万千。去年此时，我在这里度过的每一天都充满了惊奇和赞叹。如今，我怀着与老友重逢的喜悦又回到奇妙的棕熊世界。就在营地边的栈桥边等候上岸时，突然一头棕熊出现在栈桥的另一侧，它刚抓了条鱼正在大快朵颐。从船上看过去，我刚好和它平视，那锋利的爪子和洁白的牙齿历历在目。棕熊距离我不到 10 米，甚至可以听到它咬碎鱼骨的声音。

这一次，我们仍然是研究站中唯一扎营的客人。营地把最大的餐厅分配给了我们，除了用餐，这里也是大家日常活动的地方。这次随行的厨娘娜斯佳是个胖乎乎的俄罗斯姑娘，她麻利地把所有厨具和食材摆放到位，顺便在餐厅中给自己支了一张床，方便每天早起为我们做饭。从设施来说，营地的露营条件还算不错，除了不能洗澡之外。晚上的气温有四五摄氏度，不算太冷。

电网外依旧"熊来熊往"。南堪察加野生动物保护区被列为禁猎区，人与熊一向和谐相处。然而就在我们到来前两周，一宗严重的袭击事件给旅行蒙上了一层阴影：一头愤怒的公熊杀死了湖区的一个年轻的向导。原来他违反规定独自外出，无意中闯入了公熊的藏食区。此后，湖区提高了警戒安全水平。为了疏散棕熊，科研人员开始在鲑鱼洄游区域节流，导致流入湖中的鲑鱼数量大大减少，熊自然也分流到了其他地方。出于安全考虑，今年我们在湖区的活动大受限制：去年曾经徒步的区域不让进入了，营地边的栈桥也因为接近惨案发生地而被关闭。

我们每天外出必须有营地向导陪同，即使是在码头坐船也需如此，因为那里也是棕熊的必经之地。这些受过专业训练的向导隶属南堪察加野生动物保护区，负责巡视公园里的偷猎者和非法闯入者，同时保障游客的安全。此外，还有少数志愿者。向导的经验很重要，他们可以准确判断棕熊是否有攻击性。绝大部分棕熊都很"乖"，偶尔有调皮的，也只是用眼神威胁一下。如果向导很镇定，棕熊通常都会自觉避让，我们只需听从向导的指挥便可安然无恙。陪同我们的俄罗斯帅哥不苟言笑，除了佩戴的猎枪，他的腰后还别着防熊喷雾。据说这种东西很厉害，简直就是化学武器，对棕熊的伤害很大，不到万不得已还是不要使用为好。

唯一可以自由进出的只有营地工作人员养的两只猫，那只名叫"Tiger"的猫虎头虎脑，机灵敏捷。我注意到它经常毫无畏惧地守在电网前，每当有棕熊经过时，它都不眨眼地盯着，表情严肃，似乎在监督着棕熊。还有一只身手不凡的黑猫，我们在栈桥边拍摄棕熊时，亲眼看见它抓到一只大老鼠。

每年有数百万条鲑鱼来到库页湖洄游产卵，这里因此成为全世界最好的近距离观赏和研究

棕熊的地方。大洄游实现了大自然内部的物质和能量循环，鱼群经过的河口成为棕熊的最佳觅食场所。堪察加半岛的鲑鱼产卵量占全世界的三分之一。这里有6种太平洋鲑鱼：国王鲑、银鲑、狗鲑、红鲑、硬头鲑以及数量最多的索克耶鲑。索克耶鲑是太平洋鲑鱼中最出名的品种，由于鱼肉颜色、质量和口感一流，鱼油丰富，所以价值最高。奥泽尔纳亚河（Ozernaya River）是从库页湖流出的唯一河流，往西注入鄂霍次克海（Sea of Okhotsk）。这条河是欧亚大陆上最大的索克耶鲑繁殖地，这种鱼的产卵洄游期异常长，从6月持续到次年的2月，在此期间会吸引棕熊、虎头海雕、狐狸、海鸥等前来觅食。大多数太平洋鲑鱼在产卵后都会死去。

有鱼就有熊。进入6月后，随着鲑鱼洄游，越来越多的棕熊沿着溪流逆流而上，聚集到库页湖周围，多达1000多头，这里因此成为世界上棕熊密度最高的地区。夏季不仅棕熊数量多，而且熊抓鱼的场景随处可见，加上生境优美，对于摄影师而言，这里拍摄野生棕熊的条件最理想不过了。营地正对着高达1578米的伊利因斯基火山（Ilyinsky Volcano），完美的火山锥成为典型的地标。从空中俯瞰，库页湖本身就是一个巨大的火山口湖，形成于4万年前的一次火山喷发引起的地壳下陷。这也是堪察加半岛的第二大淡水湖，湖水来自周围的河流以及冰雪融水。该湖长12.5千米，宽8千米，平均深度为176米，最深处达306米。山脚下还有温泉，水温可达45摄氏度，因此冬天湖水也不会结冰。

清晨，我们乘船来到一处三角洲，巴掌大的地方三面环水，前后左右都是"熊道"。此刻，湖面上烟波浩渺，库页湖顿时变身为仙境，湖中的阿莱德山（Serdce Alaida）若隐若现。关于这座"仙山"还有一个传说。阿莱德本是座高耸入云、遮天蔽日的山峰，立在它的阴影中的群山对此颇为不满。终于有一天，阿莱德山厌倦了喋喋不休的抱怨，离开之前把心留在了库页湖中，那便是"阿莱德之心"。其实，这是一座活火山，高达2360米，1996年还猛烈地喷发了一次。看来这颗心依旧激情四射。

棕熊们从雾气中现身，迈着沉稳的步伐。它们在湖中左右扑腾，那些抓到鱼的幸运儿为了躲避鸥鸟的骚扰，索性叼着鱼上岸，走进隐蔽的灌木丛中享用，吃完后又返回湖中继续战斗。一头成年棕熊一天要吃掉70千克鱼——最起码有十几条鲑

▼ 棕熊与鸥鸟

鱼。它们专心致志地抓鱼，俨然当作一份很严肃的工作，须认真对待才不辜负熊生。抓不到鱼的熊则满脸惆怅。

当棕熊们聚在一起时，它们之间也是有等级差别的。级别最高的是那些体形庞大的大公熊，带着孩子的单身母亲虽位列第二，却相当危险。因为出于对幼崽的爱护，这些母亲总是十分好斗。级别最低、威胁性最小的是那些刚刚独立不久的四五岁的毛头小子，它们愣头愣脑，遇到老大时会乖乖避让。

外出拍摄，途经棕熊下到湖区的必经之地，我们需要在两名湖区向导一前一后的陪同下才可以出行。路旁的草很高，有时快到跟前了，才发现一个大家伙正在草丛里呼呼大睡。我们安静地绕开，相安无事。有一次，前方迎面走来一头公熊。狭路相逢，大家停下脚步。只见向导解开挂在腰间的防熊喷雾皮套的扣子，迎着公熊坚定地走上前去。公熊有些犹豫，看看我们人多，觉得占不到什么便宜，便慢慢地转身离开，还不时回头看两眼。这样惊险刺激的徒步旅行也只能发生在库页湖。遇到熊时，记住永远保持正面对着它，但不要正视它的眼睛，以免激怒它。慢慢倒退，可以制造声音，也可以脱下外套展开挥舞，以增加自身面积，直到退到安全距离。切记千万不能跑，因为熊会将任何快速移动的物体视为猎物，况且它的速度可达 30 千米 / 小时，人类绝对不是对手。

堪察加，荒野的主人是棕熊，人类要学会做个安静的客人，才可以与它们和平共处。

▼ 每年数百万条鲑鱼洄游到库页湖产卵

棕熊捕鱼

扫码观看

秘境寻踪

俄罗斯：神一般存在的"玛莎陛下"

时　　间：2018年9月
地　　点：堪察加半岛库页湖（Kuril Lake，Kamchatka）
关键词：棕熊

　　看到照片上那头富态安逸的母熊正襟端坐在湖边，我的堪察加朋友一眼便认出来："玛莎陛下。"哦，可以称为"陛下"的棕熊一定如神一般存在。没想到我竟然邂逅了库页湖知名度最高的棕熊——玛莎。

▼　睡醒了的玛莎发呆的样子非常可爱

库页湖边有处浅滩，那里是棕熊聚集捕鱼之处。由于周围的棕熊太多，向导在地上用石子摆出一个圈，意思是我们不能出这个区域。"这些石子有魔咒吗？怎么能保证棕熊绕开它走呢？"这番神操作很有趣。嗯，就当它有魔力吧。

此刻，湖面上起了大雾。云山雾罩，对于摄影师来说这种天气比晴空万里要难得。我支好三脚架，开始留意起周围棕熊的动向。浓雾中走来一头体形肥硕的熊，只见它慢悠悠地走到距离我们不过 30 米的地方，一屁股坐在沙滩上，气场强大，看都不看我们一眼，倒头便进入了梦乡。在人类面前公然睡大觉，显然不是一般的熊。仔细端详，只见它面容和善，皮毛呈浅棕色，毛色均匀，应该是头成年的母熊。面前的"胖美人"在睡梦中不停地变换着姿势，甚至展示了一下它那肥硕的三角形胖屁股。"这是母熊玛莎，今年 10 岁，是湖区科研人员长年重点监测的对象。它的性情非常温顺。"听湖区向导这样一说我们才知道，原来它还是这里的明星呢。既然送上门来，我便把镜头对准了它，拍了不少特写。

过了一个多小时，玛莎醒了。它坐起来，慵懒地打了个大大的哈欠，面朝大家，端正的坐姿让人不禁发笑。看它那迷离的眼神，估计还要再醒醒神儿。它胖胖的肚子里已经存储了今年逾冬所需的脂肪。玛莎百无聊赖地环顾了一下周围。由于过于肥胖，身体不容易转动，玛莎便扭过脖子望了眼湖面，思索着是下去抓鱼吃还是继续睡觉。或许是饿了，玛莎决定开工。只见它慢慢地走进湖中，本以为体胖笨拙，不容易捕到鱼，然而，玛莎接下来的反应让所有人都大吃一惊，我们终于见识了传说中的"抓鱼功"。它并不像其他棕熊那样追赶扑腾，而是站在水里，稳如泰山，等到鱼儿游近了才突然行动起来，第一下前扑，第二下扣掌，便妥妥地将一条鲑鱼按在爪下，然后便不慌不忙地吃起来，丝毫不像其他棕熊那种抓到鱼后急赤白脸、狼吞虎咽的馋样儿。玛莎不愧是"女王"，任何时候都不可以失态。

仔细观察，玛莎捕鱼的成功率很高，除了自身很好的爆发力，也讲究技巧。它会将鱼往浅滩赶，这样得手的概率高。"抓鱼功"的重点在于熊掌，其威力不可小觑。棕熊前爪的爪尖最长达 15 厘米，但爪尖不像猫科动物那样能收回到爪鞘里，因此十分粗钝。前臂在挥击的时候力量强大，粗钝的爪子可以造成极大的破坏。一掌下去，猎物生还的概率很低。从这个角度讲，除非同类相残，否则棕熊还真没有对手和天敌。一个多小时里，玛莎抓到了 7 条鱼。库页湖的"捕鱼大咖"非它莫属，我终于明白这体形是怎么练成的了。在湖的另一侧，几头年轻的公熊还在奋力追赶着鱼儿，但经常无功而返，累得气喘吁吁。看看玛莎，再看看其他棕熊，这熊和熊之间的差距咋这么大呢？不过玛莎实在太胖了，甚至无法像其他棕熊那样在湖中长久站立，经常站着站着就一屁股坐在水里，坐等鱼儿来。玛莎出手很少落空，再加上身高体壮，其他棕熊也畏其三分。这片湖区俨然是"玛莎陛下"的王国。

"那是玛莎的儿子。"向导指着不远处的一头身手矫健的年轻小公熊说。它也顺利地捕到了鱼，果然有其母必有其子。玛莎绝对是个合格的母亲，不仅可以将小熊健康带大，还能传授给

它们捕鱼技巧。相比之下，那些瘦弱的母熊的孩子经常吃不饱肚子，存活下去的概率也大大降低。抓够了鱼，玛莎又回到岸边休息了。"熊生"过成这样也太幸福了吧！"瞧你那熊样儿"，在我的眼中不再是句贬人的话了。能有玛莎这样的"熊样儿"，应该是最好的赞美了。

▲ 母熊带着熊孩子练习捕鱼技巧

然而，不是所有的熊孩子都有像玛莎这样能干的母亲。我亲眼见到两头一岁多的小熊罕见地独自在湖边溜达。听向导说，这样的情况持续两三天了，估计是母熊遭遇了不测。可怜的熊孩子无法独自生存下去，结局注定是饿死。当然也有例外，科研人员曾经观察到一头失去母亲的小熊被别的带着熊宝宝的母熊收留，幸运地捡回一条命。

小熊们最大的威胁来自成年公熊。堪察加棕熊的"婚配"期一般是在每年的 5 到 7 月，多数成年棕熊打架斗殴事件也集中在这个阶段。母熊为了抚育孩子，通常每隔 3 到 5 年才会交配一次。为了让母熊尽早进入交配阶段，公熊会找机会杀死这些母熊的孩子。尽管勇敢的母亲在遇到这些身形是自己的 1.5 倍甚至两倍的家伙时会奋力搏斗，但在小熊死亡事件中仍有 45% 是公熊们所为。一项调查显示，在求偶期被同类杀死的棕熊中，90% 是两岁以下的幼熊，只有一头成年熊被杀死，还是头保护幼崽的母熊。

母熊的孕期为 180 ~ 266 天。有意思的是，它们的生产竟然发生在冬眠时。母熊会在冬眠时产下 1 ~ 4 个幼崽，通常是两个。堪察加寒冷的天气使得冬眠成为棕熊的生存方式。冬眠期一般从每年的 10 月底到 11 月初开始，直到次年的三四月间。棕熊在冬眠时心跳减速，排毒系统会停止运作，以减少热量及钙质的流失，防止失温及骨质疏松，但是代谢并不停止。如半道醒来，棕熊便到处游荡觅食，或在附近找个合适的地方趴下休息。有些老熊或者患有伤病的棕熊冬季不冬眠。

小熊刚出生的时候非常小，只有 300 克重。它们在洞穴中完全靠母乳成长。冬眠期哺乳将极大地消耗母熊的能量，其间母熊的体重甚至可以下降 40%。冬雪消融，春天来临后，母熊便会带着 3 个月大的小熊离开巢穴。它们之间形影不离，一起度过两到三年。然而堪察加的小熊成熟得晚，有的甚至要和母熊一起待到四五岁。有一次，我们见到一头母熊带着 3 头 3 岁左右的胖嘟嘟的小熊，它进入旁边的灌木丛中，躺下来给小熊哺乳。这么大了还在吃奶，看来库页湖小熊的断奶期要长得多。不仅如此，有些熊孩子过分依赖母亲，老大不小了，还不愿意自力更生，等着妈妈抓鱼回来。我们就目睹过一次熊妈妈被小熊惹恼了，冲它吼叫。小熊也不示弱，还和妈妈"顶嘴"，坚持讨鱼吃。这样的熊孩子真让人操心呢！

学会捕鱼是一项重要的生存技能，有些聪明的小熊已经可以当妈妈的小帮手了，帮着妈妈赶鱼，或者模仿妈妈自己去抓鱼。赶上一个能干的熊妈妈，小熊长得圆滚滚，毛色光亮，特别讨人喜欢。不同年龄段的小熊外貌差异很大，一岁之内的小熊有点像小狗，尖嘴猴腮，稍大一点且营养不错的小熊长得圆头圆脑。"白围脖"也是不少小熊的标志，通常长大后脖子上的白毛就褪掉了。一次在河边，我距离一个熊孩子不过3米，它正在水里百无聊赖地玩弄着死鱼。看到我盯着它，它一脸困惑："你是谁啊？为什么总盯着我？"对于初出茅庐的熊孩子，也许人类这个两脚站立的奇怪动物既无趣也不好吃吧。

在俄罗斯远东地区的这片蛮荒之地，棕熊母子带给我太多欢乐与感动，即使在回来之后的很长一段时间里都回味无穷。每头稚嫩的小熊长大后都会像它们的父母一样遵循着自然规律，勇敢面对充满凶险和危机的成年棕熊世界，完成"熊生"的轮回。虽然有一个无忧的童年，但熊孩子终究是要长大的。尽早学会捕鱼技巧，保证后面的"熊生"有靠，是熊妈妈最期待的吧！

最后一天中午，直升机准时到达营地，我们在空中挥别库页湖。我还会在夏天回到这里，届时湖面将被鲑鱼染成红色。期待着与棕熊再次相会，那时说不定可以遇到带着孩子的玛莎。

扫码观看

棕熊玛莎

▲ 鲜美活鱼的味道一定不错

▼ 充足的食物使得湖区的母熊养活两三个熊孩子都没问题

俄罗斯：森林中的"素食米沙"

时 间：2019 年 8 月
地 点：堪察加半岛欧拉火山（Opala Stratovolcano，Kamchatka）
关键词：森林棕熊

　　与见过"大世面"的库页湖棕熊相比，堪察加半岛森林里的棕熊不常接触人类，胆子也小。它们努力吃着草和浆果，偶尔也会抓条鱼打打牙祭，积蓄着过冬的能量。

▼ 森林中的棕熊抬起鼻子，在空气中嗅着我们的气味，非常警惕

听当地朋友说，堪察加半岛的棕熊也有地域差别，分为湖区的熊、森林的熊和火山区的熊。它们的外形、食性和性情都不尽相同，这引起了我的强烈兴趣。2019 年第三次前往堪察加的时候，我决定去拜访森林里的米沙。它们生活在南堪察加半岛的欧拉火山脚下。

晴朗的天气很适合远行，两辆越野车加上一辆补给车，我们从南堪察加的首府出发，一路向南。8 月的南堪察加，原野上、溪流边，各种叫不上名字的花儿争相利用短暂的夏季绽放。当地人和棕熊都非常爱吃的浆果已经成熟，但嚼起来还是有些酸涩。眼尖的向导发现不少新鲜的蘑菇，随行的厨娘摘了一袋子准备晚上在营地中做沙拉。我喜欢蔓越莓属的一种红浆果，它的中文名字叫越橘，富含维生素，当地人用它做果酱。经常看到人们提着篮子来采摘，即使冒着和棕熊遭遇的风险。

照例是没有路，只有方向的越野。火山区的各种复杂路况让我们的行进速度变得很慢，经常需要前车用牵引绳拉着后车过河或者上坡。我们一路上跋山涉水，历经艰难，就为了一场与森林棕熊的约会。我准备好了，然而棕熊的欢迎仪式却有些让人失望。途中，我们遭遇过两次棕熊，距离都很远。听到车子的声音，它们慌不择路，扭头就跑，边跑还边停下来回头张望。显然这里的棕熊比库页湖的棕熊要胆小得多。

终于到达了欧拉火山脚下的营地。同伴刚进屋放下行李，便大叫着跑出来："熊，刚从屋后跑过去！"这里和湖区不同，没有电网，棕熊随时随地可能现身。向导提醒我们只能在木屋周围走动。不过和见过"大世面"的库页湖棕熊相比，森林里的棕熊非常怕人，我们的出现对于它们来说倒是个威胁。

在车上拍摄是唯一安全接近森林棕熊的方式。当发现一头带着小熊的母熊时，我们停在路边，尽量不惊扰它们。母熊没有急于躲进林子里，而是抬起头在空中嗅着我们的气味，竖起两只圆圆的小耳朵。棕熊的嗅觉极佳，灵敏度是猎犬的 7 倍，但视力不好，看远处的物体时模糊，捕鱼时全凭水中鱼儿的游动来判断定位。它咧开嘴，表示知道我们在那里，警告我们不要再靠近了。有意思的是，吃浆果的森林棕熊反而比吃鲑鱼的湖区棕熊还要健壮，它们直立起来近 3 米。湖区棕熊粗密的被毛深浅不一，且毛色较深，从深棕色到黑色都有；而森林棕熊的毛色较浅，由浅棕色到深棕色，但是熊孩子是妥妥的黑色。

和开阔的湖区相比，欧拉火山脚下是一个清新的绿色世界。这里遍地野果，棕熊不费力便可以吃到，不像在湖区捕鱼还需要技巧。若实在想要打打牙祭的话，旁边的河里也有洄游的鲑鱼，只是 7 月多雨，河水涨了不少，棕熊们懒得下去抓鱼。作为典型的杂食动物，棕熊的食谱可谓五花八门，包罗万象：大到麋鹿这样的大型有蹄类动物，小到蚂蚁、蚁卵、鸟蛋以及小型哺乳动物，当然还有鱼。它也不介意腐肉，甚至会杀死个头小的同类。2018 年 7 月，距埃利佐沃镇大约 8 千米的一处公墓被棕熊洗劫，它们至少刨开了 20 个墓地，吃掉了里面的尸体。后来当局派出猎人捕杀了几头棕熊。听起来很恐怖，棕熊饿起来还真不挑食。

▲ 森林中的棕熊

　　在森林棕熊的主食中，素食占了八九成，每头棕熊每天的进食量达 45 千克之多。好在棕熊栖息的寒温带针叶林提供了它们所需的食物，包括各种根茎、块茎、草料、嫩芽、谷物及果实等。八九月份，各种浆果成熟了，棕熊特别喜欢，不惜步行上百千米，迁移到食物最丰富的地方大嚼一番。即使吃鱼的湖区棕熊也喜欢回到林子里再吃上些浆果，荤素搭配，很健康。我们经常可以在"熊道"上看到新鲜的粪便，里面有不少红色的果核。棕熊一次吞下350 ~ 400个浆果不成问题。在这里，对传播种子贡献最大的恐怕不是鸟，而是熊。

　　棕熊非群居动物，通常独行。它会用身体蹭搓树干留下气味，或在树干上留下爪印，或以排泄物标识自己的领地。然而湖区的棕熊因为食物太丰盛，也就不介意挤在一起了，反正都有吃的。别看平时性情温和，棕熊暴怒起来也很凶猛，特别是在保护领地和食物的时候。它会赶走狼群，也会打跑侵入领地的其他棕熊。有时棕熊的行为很搞笑。草地上，正在吃草的一头熊会突然趴下，四肢匍匐在地，开始前后运动，原来它在蹭痒痒。树干也是很好的解痒工具，背靠大树上下运动的棕熊看起来很滑稽。

　　我站在欧拉火山脚下，看着草地上努力进食的棕熊们。这里距人类世界仅仅 8 小时的车程，时空转换，再次闯入棕熊的世界，那种不真实的感觉又来了。来世做一头堪察加半岛的棕熊，也是幸福的吧！

海象
（斯瓦尔巴群岛）

海鬣蜥
（加拉帕戈斯群岛）

加岛象龟
（加拉帕戈斯群岛）

第二部分　独特岛屿猎奇

北极熊
（斯瓦尔巴群岛）

亚达伯拉象龟
（塞舌尔群岛）

科莫多巨蜥
（印度尼西亚）

狐猴
（马达加斯加岛）

变色龙
（马达加斯加岛）

　　一海相隔，这里是遗世独立的世界。那些远离大陆的岛屿，不经意间成为某些特有物种的乐土。当我有幸拜访这些岛屿时，犹如爱丽丝闯入仙境，得以窥见一个个"失落的世界"，了解自然界那些不为人知的隐秘故事。

　　在地球的历史长河中，"遗世独立"意味着独特的生物圈。1.65亿年前，马达加斯加（简称马岛）从非洲大陆分离出来，其中约90%的物种在地球上的其他地方是看不到的；因为生物学意义重大，马岛甚至被冠为"第八大陆"。岛上的动植物一直在封闭的环境中自我演化，物种不仅多样，而且完全是一个新家族，一个完整的新世界。除了澳大利亚以外，这里是地球上拥有特有物种最多的地方，狐猴就是代表。多亏那部梦工厂制作的动画电影《马达加斯加》，全世界都知道了这种"有幸"而又"不幸"被列入世界自然保护联盟"濒危物种红色名录"第一位的野生动物。

　　2013年，受马达加斯加旅游局的邀请，我第一次前往拍摄。原本对岛屿无感的我，就这样被非洲第一大岛成功转变为"岛屿控"（仅限于有特殊物种和生境的岛屿）。后来，我又陆续去了5次。每次离开的时候，我都会给自己找个充足的理由重返。这是一座充满魔性的岛屿，一个奇趣的世界。每日从丛林中归来，灰头土脸地返回驻地时，我经常伤痕累累，腿上都是旱蚂蟥和各种蚊虫叮咬的包。有些伤疤要半年到一年的时间才能消失，刚好得差不多就又要回去了。几年前，我甚至被一只调皮的环尾狐猴咬伤了手掌，鲜血淋淋。在没有任何医疗条件的情况下，同行的人只能采取土法：向导找了些草药敷在伤口上帮我止血，事后也没有做任何处理。马岛让我变得更加"野性"，我却感到一种从未有过的快乐和满足，也许是因为内心深处回归自然的原始渴望被唤醒了。

　　另一座神奇岛屿是厄瓜多尔的加拉帕戈斯群岛（简称加岛），它位于赤道附近的太平洋上，距南美大陆1000千米。从海底喷射而出的灼热岩浆凝固后形成了一座座火山岛，13座小岛和19个岩礁如群星般点缀在茫茫大海上。这里是赤道暖流和南极寒流交汇的地方，正是这富饶又洋溢着生命力的大海维系着一个独特的生态圈。

　　自从踏上这座活的"生物演化博物馆和陈列室"，我每天都能遇到以前从未见过的物种，犹如行走在一个奇异的动物星球上。巨大的象龟、哥斯拉的原型——海鬣蜥、滑稽的蓝脚鲣鸟、自带"红气球"求偶的军舰鸟，还有众多珍稀的海洋生物，不要忽略任何你看到的动物，哪怕一只"麻雀"（达尔文地雀）很可能也是此处所独有的。正是在这里，英国生物学家查尔斯·罗伯特·达尔文与上帝分手，开始孕育改变世界的进化论。

　　和100多年前达尔文刚到来时描述的一样，加岛的野生动物都不怕人。我可以和海狮、海龟一起畅游珊瑚礁，和海鬣蜥一起晒太阳，和达尔文地雀一同享用露台上的早餐。印象中只有极地动物才可以让我如此亲近，没想到在赤道上的这些火山岛上，动物们同样非常受尊崇。在它们的眼中，我们不过是一群嘈杂的、大惊小怪的、直立行走的生物，完全不值一提。在存在千丝万缕关联的世界里，孤立注定是一种悲剧。然而这些特殊物种因为达尔文的进化论受到瞩目，加岛也因此被列为世界自然遗产，生境得到人类的重视和保护。

和前两座"物种演化工厂"不同，位于北冰洋的挪威属地斯瓦尔巴群岛虽然没有独特的物种，却是原生态自然环境维持得最好的极地岛屿之一。5 年中，我有幸 3 次乘坐邮轮前往那里：一次沿着群岛中面积最大的斯匹次卑尔根岛西海岸航行，两次环斯瓦尔巴群岛航行，从此打开了一扇通往北方神奇世界的大门。这里拥有你能想象出的关于极地的一切：壮美的峡湾、迷人的冰川、以北极熊为代表的极地野生动物以及人类历史遗址等。每一次登陆，每一座无人岛，夏季绽放的野花，偶尔跑过的北极狐和充满攻击性的北极燕鸥，我用镜头记录下这幅动人的北极画卷，这恐怕是世界上最让人感到幸福的事情了。

北冰洋周围的"避难所"支撑了 19 个北极熊种群，斯瓦尔巴群岛是其中之一，3000 多头北极熊栖息在此。为此，挪威政府在群岛上设立了 3 个自然保护区，约 65% 的地区受到保护。作为极少数有幸造访的游客，我们在北冰洋上呼吸着冰冷清爽的空气，聆听着北极熊的生存之歌。然而近年来，随着全球气温的上升，北极海冰在夏季加速融化。失去了捕食场所，北极熊的日子愈发艰难。斯瓦尔巴群岛不仅是一个地理标志，还是一个生态环境指标。或许世界上没有哪个地方比这里更能清晰地展现全球变暖带来的危害，以及解决这一问题的紧迫性。

由于孤立，岛屿上的生态环境和物种演化不同于大陆，那些独特的动植物的演化源头是数百种先锋物种偶然登上这些远离大陆的岛屿，它们经过数百万年的演化才成为今天的样子。岛屿与大陆分离的时间越长，生物多样性越丰富。我把目光投向这些岛上的奇特爬行动物，从塞舌尔群岛的亚达伯拉象龟、马岛的变色龙到科莫多群岛上的巨蜥。这些地理大发现之后人类屠刀下的幸存者，你可否听到它们发出的呼喊：生存，生存！活下去，原本就是生命最简单的驱动力。面对孤岛上这些可爱又无助的生命，你很难无动于衷。

神奇岛屿上的物种本是自生自灭，枯荣消长，优胜劣汰，物竞天择。然而，当人类活动严重干扰甚至破坏了它们的家园时，一场救赎也在静悄悄地展开。科学家们开始研究在这些孤立的岛屿上演化和自然选择如何起作用——不仅是为了拯救某些濒危物种，更重要的是采取相应的保护措施来挽救脆弱的生态系统。看起来这一切都远离都市人的现实生活，但同为地球大家庭的成员，它们的命运也注定关系到人类自身的命运。

马达加斯加："失落的世界"

时　　间：2011—2019 年
地　　点：马达加斯加（Madagascar）
关键词：狐猴

　　没有游客的喧嚣，没有过度商业化的活动，这里只有真实的大自然和野生动物。我一次又一次走进 BBC 纪录片中的那些原始森林，只为找寻独一无二的狐猴、枯叶般的壁虎、五彩的变色龙和珍贵的野生兰花。在马达加斯加这个"失落的世界"，我逐渐了解了生命的意义和进程。

▼ 夕阳下的猴面包树孤独地守望着非洲第一大岛

飞越千山万水，我是来看狐猴的。世界自然基金会的标志是中国的大熊猫，然而鲜为人知的是，当年入围参与竞选的还有另外两种濒危的哺乳动物：澳大利亚的树袋熊和马达加斯加（简称马岛）的狐猴。目前，狐猴排在世界自然保护联盟"濒危物种红色名录"的第一位，是公认的最濒危的物种之一。

印度洋上的马岛几乎全部位于热带，南回归线穿过这座非洲第一大岛。狭长的岛屿南北两端窄，中部宽，由东向西倾斜。中部为海拔 800 ~ 1500 米的中央高原；东部为带状低地，多沙丘和潟湖；西部则从海拔 500 米的高原逐渐下降变为沿海平原；西北部和北部以盆地为主，系火山及喀斯特地貌。地形复杂，基础设施落后，交通就是个大问题。从原始森林到喀斯特石林，从平原到丘陵，多达 113 种狐猴分散在岛的四面八方，其中绝大多数为当地特有种。我们只能在有限的时间和范围里搜寻它们的踪影。为了顺利完成拍摄，我通过马达加斯加旅游局找到了狐猴专家、专业向导罗杰（Roger）。这个 40 岁左右、戴着眼镜、温文尔雅的中年男子热衷于狐猴的保护和研究工作，曾经为美国国家地理和 BBC 的纪录片摄制组担任过向导。他先后在 2012 年和 2013 年的两次旅行中给予了我很大的帮助。几次旅行下来，我共计拍摄到 20 余种狐猴，仅占狐猴全部种类的五分之一而已。

目前，马岛已规划出 6 个自然保护区、16 个国家公园和 22 个野生动物保护区，我选择了几处交通便利、最有代表性的。距离首都塔那那利佛（Antananarivo）最近的昂达西贝自然保护区（Andasibe Reserve）是马岛最早建立的 5 个保护区之一，也是体形最大的大狐猴的栖息地。

宗比特 – 武巴西亚国家公园（Zombitse-Vohibasia National Park）位于岛的中部，这片热带旱林里生活着狐猴家族中最美丽的维氏冕狐猴。冕狐猴属的成员都具备特殊的"舞蹈天赋"：它们在地面上行动时高举双手，用两条后腿跳着前进，凌空跃起，因此被称作"跳舞狐猴"。

哈努马法纳国家公园（Ranomafana National Park）所在的阿钦安阿纳雨林（Rainforests of the Atsinanana）已被联合国教科文组织列入世界自然遗产名录。在隐秘的竹林深处，栖息着包括珍稀大竹狐猴、金竹驯狐猴在内的 12 种狐猴。顾名思义，竹狐猴以竹笋和竹叶为食。然而，它们食用的这种巨竹含有毒性很大的氰化物。竹狐猴摄入的氰化物量超过同体形动物致死量的 12 倍，却百毒不侵，鲜活如故，至今尚未得其解。

狐猴家族中知名度最高的是环尾狐猴，它被世界各地的动物园引入。马岛南部的稀树草原是它的老家。我们来到由当地社区自建的安雅自然保护区（Anja Community Reserve），200 多只环尾狐猴在此安居乐业。由于管理得当，保护区还获得过联合国的一个自然类奖项，现在已经是马岛生态旅游的示范工程，成为既保护生态环境又造福当地人的成功案例。

最令人惊喜的邂逅发生在世界自然遗产地——贝马拉哈国家公园（Tsingy de Bemaraha National Park）。这里拥有世界上最壮观的喀斯特石林地貌，遍布陡峭的石峰和石谷，幽灵般的

▲ 黑美狐猴（雌性）

德肯狐猴出没在这个千奇百怪的"世界最大天然迷宫"里。演化让它具备了厚厚的手掌和脚掌，得以在锯齿状的地表穿行。这种狐猴只在清晨和黄昏时才在石林中活动，白日里极难遇到，结果我却得来全不费工夫，途中穿过森林时偶遇6只德肯狐猴。

在最近的一次旅行中，我专程前往东部雨林拍摄稀少和罕见的夜行狐猴——指狐猴。由于外貌诡异，它被当地人视为不祥之物而遭到灭顶之灾，已濒临灭绝。然而，月夜下睹其真容，看到那双温柔善良的眼睛时，我却被深深地打动了。它完全不知外界的险恶，不知人类为何要如此对待它。人类以各种理由掌握着自然界的生杀大权。

在马岛旅行是一场对奇异世界的探索。孤独的岛屿，满载异于他方的生物，存活在时间长河里。演化摒弃了常理，创造出了奇特的生命，狐猴便是一个奇迹。在这片与世隔绝的原始土地上，由于缺乏天敌，它得以繁衍生息。然而人类的刀耕火种、对森林的破坏加剧了土地的荒芜。近200年来，法国对该岛的殖民统治和资源掠夺彻底打乱了狐猴的生存轨迹，它正遭遇有史以来最大的威胁。

自然界的丰富多彩，与马人贫穷恶劣的生活状况形成了鲜明的对比。因为欠发达，没有工业化，没有过度开发，这里才保留下了原生态的环境。然而，贫穷也导致了人们对于自然过度和不合理的索取，环境破坏日益严重。马达加斯加的人口已经超过2000万，年增长率达到3%，是非洲人口增长速度最快的国家之一。岛上资源丰富，国民却愈发贫穷，人类和生态之间的脆弱平衡被打破了。砍伐珍贵的木材成为致富的捷径，而对森林的破坏，却让狐猴等野生动物彻底失去了栖身之地。人类的贪婪正在一步步吞噬着这片土地上独特的生态环境。

狐猴与生活在5500万年前的远古灵长目动物的关系密切，这是一个使我们更接近祖先的动物种群，然而它们中的三分之一已经灭绝，剩余的则在前往灭绝的路上。自身都无暇顾及的马人，自然很难保证狐猴的未来。开展生态旅游或许是个办法，毕竟只有让当地人从中受益，保护工作才能持续进行下去。

▲ 领狐猴
▼ 正在吮吸香蕉花花蜜的黑美狐猴

扫码观看

瓦氏冕狐猴

马达加斯加：密林深处的大狐猴"唱诗班"

时　　间：2011 年 7 月、2018 年 8 月、2019 年 7 月
地　　点：昂达西贝自然保护区（Andasibe Reserve）
　　　　　米钦祖自然保护区（Mitsinjo Reserve）
关键词：大狐猴

　　不知走了多久，密林深处突然传来大狐猴一阵响亮的叫声，极具穿透力，声音在林间回荡，很快便得到了其他成员的响应。"大合唱"开始了。这是它们的必修课，每天要唱若干次，有联系族群或相互警告之意。叫声此起彼伏，遥相呼应，忽高忽低，充满了生命的原始力量。这是一个尚未被人类所完全了解的扑朔迷离的世界。

▼ 昂达西贝自然保护区是大狐猴的家园

当马达加斯加这艘"诺亚方舟"启航的时候，在莫桑比克海峡对面，雄霸非洲大陆的"五霸"都没能赶上这趟旅程，反而是狐猴和变色龙的祖先漂洋过海安居了下来。这是一座适合流浪的岛屿，宽广、孤独、友善。从此，来自大陆的记忆逐渐褪去，流浪者们开启了岛屿生活的新篇章。

2011年第一次走进遮天蔽日的热带雨林，我在这片神奇的土地上遇见的第一种野生动物便是狐猴中体形最大的大狐猴（Indri Indri Lemur），也称作"光面狐猴"。昂达西贝自然保护区（Andasibe Reserve）距离马达加斯加首都130千米，由于交通便利，当日便可往返，游客也最多，他们都是来看大狐猴的。

此刻，一只大狐猴很骄傲地坐在高高的树上，正在接受众人的膜拜。我打量着它蜷缩在树干间的独特身体：嘴像狐狸一样向前凸出，耳朵毛茸茸的，四肢很长，尾极短，一身黑白相间的体毛浓密光滑，还有一双乌溜溜的金黄色眼睛。狐猴真是一种很特别的动物，它属于灵长目原猴亚目，这个亚目下共有8个科：狐猴科、大狐猴科、婴猴科、鼠狐猴科、鼬猴狐科（又称为嬉猴科）、眼镜猴科、懒猴科和指狐猴科。大狐猴科中除了大狐猴属，还包括原狐猴和毛狐猴两属。大狐猴科成员的体形较大，体重可达10千克，它们的祖先可是史上最大的灵长目动物——古大狐猴，人们推测其体重为180～200千克，甚至超过了现代的大猩猩。

为何起这样一个奇怪的名字？在保护区里工作了16年的老向导波波告诉我："'Indri'在当地的土语中为'在这儿'的意思。18世纪末，一位来自欧洲的生物学家向原住民打听狐猴的情况，原住民指着大狐猴说：'Indri, Indri。'欧洲人以为'Indri'是这种猴子的名字，便忠实地记录下来并一直沿用至今。这种狐猴野性十足，到目前为止还没有过人工饲养的记录。"

7年后重返昂达西贝雨林，在当地朋友的建议下，这次我来到附近的一处私人保护区——米钦祖自然保护区（Mitsinjo Reserve）。"Mitsinjo"在马达加斯加语中有"向前看""规划未来"之意。1999年，13个村民发起建立这个保护区，旨在由当地人保护管理这片雨林，收入用于改善村民的生活。由于名气不大，这里的游客比附近的昂达西贝自然保护区要少很多。清晨是大狐猴最活跃的时间，雨林深处传来的阵阵响亮叫声指引着方向。走了大约2千米，向导突然停了下来。顺着他手指的方向，我看到在距离地面20多米的枝叶中，端坐在树杈间的正是我要找的大狐猴。

"这片保护区中目前有4个大狐猴家庭。大狐猴通常以家庭为单位活动，一个家庭由2～5只狐猴组成。整个昂达西贝目前生活着75个大狐猴家庭。"向导对这里大狐

▶ 大狐猴

猴的情况了如指掌，他说，"几年前统计时只有 62 个，这些年又添了不少新成员。"面前正是一家四口，母猴带着三四个月大的宝宝坐在枝叶浓密的枝干间。如果不是小家伙总是动来动去，我们很难发现它的存在。幼猴全身呈黑色，和母亲一点都不像。公猴在附近的一棵树上警戒，它发现在树下围观的我们久久不散去，有些恼怒，直接尿上一泡以示警告。眼看公猴尿从天而降，大家笑着赶快躲开。没有达到目的，公猴又开始拉便便。总之，这是大狐猴能拿得出手的最严厉的惩罚手段了。

大狐猴以树栖为主，极少到地面上活动。它的天敌包括马岛獴、猛禽和蛇，食物主要是树叶、花、树皮和果实，尤其喜欢本地生长的一种植物的叶子。这个家庭中的那只年轻的大狐猴一直在不停地吃树叶，边吃边打量我们。终于好奇心促使它放下矜持，慢慢地从树上下来，一把抢过我手中的嫩叶。我乘机摸了下它那可爱的小手。这个略带羞涩的毛茸茸的家伙近在咫尺，圆溜溜的眼睛呆萌可爱，瞬间便融化了我的心。我们与大狐猴共处了半个多小时，直到它们像荡秋千一样在林中跳跃着离开，留下一阵长啸。

最近一次前往昂达西贝雨林时，我还在这处私人保护区中见到了褐美狐猴（Common Brown Lemur）和吃竹叶的灰驯狐猴（Alaotran Gentle Lemur），拍摄到罕见的马岛小翠鸟（Madagascan Pygmy Kingfisher）。雨林的秘密就这样被一点点揭开，然而，当年带我走进昂达西贝的向导罗杰于 5 年前不幸病逝。每当看到这些可爱的生灵，我都会想起他的话："马岛是

扫码观看

大狐猴

▲ 正在吃竹叶的灰驯狐猴

狐猴的唯一家园，我们本应该感到自豪，但有些当地人就是不懂，或者根本不关心，觉得狐猴只是给游客看的稀罕物，自己享受不到什么好处。如果再不意识到狐猴的重要性，它很快就会从地球上消失了。这是种多么聪明的生物，你了解得越多，就越会发现有太多的不可思议之处。"

在这座最能体现生物多样性，也是地球上最不寻常的岛屿上，因为人类的到来，90% 甚至更多的原生植被和物种已经灭绝了。根据世界自然保护联盟"濒危物种红色名录"的统计，超过九成的狐猴种类濒临灭绝。迄今在马岛发现的 113 种狐猴中，24 种属于极危，49 种属于濒危，20 种属于易危。

时间真的不多了，一想到未来某一天，人们再次走进这片美丽的雨林，踩着地上厚厚的落叶，却只剩下一片空荡荡的森林，充满了死寂，大狐猴洪亮尖锐的叫声不再，枝头成熟的果子无人问津，那是多么令人悲伤的场景啊！马岛的狐猴完成了长达 5500 万年的演化历程，毁灭却只需要不到 100 年的时间。在到处弥漫着的绝望气氛下，谁又能给予狐猴最后的生存机会呢？

▼ 褐美狐猴

马达加斯加：狐影魅踪

时　间：2013 年 3 月、2018 年 7 月、2019 年 7 月
地　点：哈努马法纳国家公园（Ranomafana National Park）
关键词：金竹驯狐猴、大竹狐猴、鼠狐猴

　　在哈努马法纳国家公园，热带雨林展现着无限蓬勃的生命力：蝴蝶飞舞；树蛙跳跃；变色龙静静地享受着甘甜的露水；大竹狐猴扛起竹笋飞身跃上竹干；伸手不见五指的漆黑夜，鼠狐猴突然伸出前爪精准地捕获空中的飞蛾，像极了身怀绝技的侠客……

▼ 神秘的金竹驯狐猴露出真容

想了解孤岛如何成为物种演化工厂的故事吗？或许你可以在哈努马法纳国家公园（Ranomafana National Park）中找到部分答案。2013 年，在南半球雨季尚未结束的 3 月，我在罗杰和两个向导的陪同下，第一次走进这个展示神奇生命和多样物种的"自然博物馆"。

因为交通便利和基础设施完善，哈努马法纳国家公园是外国游客造访最多的马达加斯加国家公园之一。"Ranomafana"（哈努马法纳）在马达加斯加语中意为"热水"，此地是岛上地热资源最丰富的地区之一。国家公园处于降雨量多的中部山区，地形复杂，包括低地雨林、沼泽、高原和云雾森林。流经保护区的纳莫若那河（Namorona River）经过雨季的补充，水量充沛，水流湍急，巨大的水流声在 1 千米外便可听到。

在国家公园的门口，向导指着示意图向我介绍徒步路线，突然他发现了什么。原来头顶的树叶上趴着一只硕大的黄色蛾子，这是马岛独有的蛾类之一，是彗尾蛾的一种，雄性翼展近 20 厘米，尾长 15 厘米。哈努马法纳国家公园的第一堂"自然课"就这样开始了。

在雨林中徒步，向导不时停下来，指点给我们那些奇奇怪怪的动植物。长颈象鼻虫（Giraffe Weevil）便是其中最有趣的，这种昆虫长相奇特，雄性有着长长的脖子，好像缩小版的长颈鹿。这种长脖子除了搬运材料构建巢穴外，竟然还可以当作武器使用。在长满蕨类植物的大树根部，几个身披条纹刺的小家伙挤在一起，头上顶着仙人球般的黄刺。原来这是大名鼎鼎的马岛猬的一窝幼崽。马岛猬也是当地特有物种，有 20 种之多，我们面前的便是条纹马岛猬（Streaked Tenrecs）。它有种独门绝技——将背上的刺相互摩擦发出的声音作为个体间的联络暗号。

在密林里走了半个多小时后，我们进入一片阴暗高大的竹林。这里正是神秘的金竹驯狐猴的属地。丛林中藤萝密布，道路泥泞，光线昏暗，猴影攒动。我们好不容易才看清金竹驯狐猴的真容，它们脸部的金毛让我想起了齐天大圣。在高高的树上，它们一边吃着叶子一边警惕地注视着我们。巨竹是它们的主要食物来源。据说这种稀有物种的发现很偶然，是当地人毁林开垦时烧荒烧出来的。森林核心部分的竹林暴露出来后，金竹驯狐猴第一次出现在人类的视线中。1986 年，这个物种由美国猿类学家帕特丽夏·怀特（Patricia Wright）首次发现，次年得到西方科学界的描述认定。正是为了保护金竹驯狐猴唯一的栖息地，1991 年才成立了哈努马法纳国家公园。

"快来，这边有只大竹狐猴。"只见林间地上，一只棕色狐猴正在拨弄一大根竹笋。很少见到狐猴在地上活动，这种狐猴喜吃竹笋，需

▶ 条纹马岛猬

要下到地上刨挖。它的模样接近普通猴子，身
上的毛又密又厚，灰白色的耳朵很醒目，嘴部
没有明显外凸。根据最新的界定，大竹狐猴已
经被重新划为大竹狐猴属，而非驯狐猴属，大
竹狐猴属仅此一种。

▲ 大竹狐猴吃竹笋

"有啥可看的，哥们儿不就是吃个早饭吗？"
面对众人的围观，大竹狐猴一脸不屑。由于竹
笋太大，它干脆就地剥皮，用那强有力的牙齿
和下颌麻利地一层层撕开竹笋，很快竹笋就被
剥得只剩下里面的嫩心了。大竹狐猴扛起"战利品"，飞身跃上竹竿，双手握着竹笋，开始津
津有味地啃起来。顺便说下，狐猴在竹林中跳跃坐立，那条尾巴功不可没。狐猴的尾巴无法弯
曲，主要负责平衡身体和留下气味。

除了前面提到的两种狐猴，这里还生活着数量众多的灰驯狐猴（Alaotran Gentle Lemur）。
作为世界上少数几种依赖竹子生存的动物，这些狐猴共同生活在一片竹林中，不争抢地盘的重
要原因是它们分吃竹子的不同部位。比如灰驯狐猴以竹子的嫩笋、叶柄为食，有时也以部分竹
子的竹肉为食，大竹狐猴基本上只吃竹肉，而金竹驯狐猴则以竹子的叶柄为食。这样一来，竹
子的利用率很高。

白嫩的竹笋，贪婪的吃相，看样子味道一定不错，我的食欲都被勾了起来。然而，向导的
一番话让我顿时打消了尝一尝的念头。他说："这种竹子含有氰化物，竹笋尖端部位的含量尤
其高，足以毒死一个成年人。金竹驯狐猴与大竹狐猴都是百毒不侵，金竹驯狐猴的抗毒能力是
人类的十几倍，可以摄入的氰化物量超过同体形动物致死量的 12 倍。科学家们尚不清楚它究竟
是如何做到这一点的，还是一个谜。"一旁，两个研究人员注视着大竹狐猴的一举一动，并在小
本子上做着记录。哈努马法纳国家公园中设有国际研究站，常年都有西方科研人员驻守。

大竹狐猴享用完丰盛的早餐后便消失在密林中。我们继续寻找这片乐园中的其他狐猴，很
快便发现了两只正在秀恩爱的赤腹美狐猴（Red-Bellied Lemur）。它们全身长着漂亮的红褐色
毛发，依偎在一起，一只温柔地给另一只梳理着毛发，并蜷起大尾巴向对方示爱。这种狐猴对
环境的要求很高，只生活在植被茂盛、冠层高达 25 ~ 35 米的原始热带雨林中，可以和其他种
类的狐猴共享地盘。赤腹美狐猴主要吃水果、树叶和花朵，由于不挑食，它被认为是合格的种
子传播者。

不远处，几只赤额美狐猴（Red-Fronted Lemur）在高高的树枝上跳跃，毛茸茸的大尾巴在
我头顶上方的树干上晃来晃去，晃得我眼晕。相对于稀少的赤腹美狐猴，赤额美狐猴比较常见，
主要分布在马岛东、西海岸的热带雨林中，其明显特征便是眉毛上方有两块像补丁一样的白斑。

公猴与母猴的体态特征不同，公猴的体毛为灰色或者灰褐色，脸颊上长胡须处呈奶白色，而母猴则呈红褐色。地域不同，东、西部族群的习性也有差别。比如，西部地区的赤额美狐猴家庭单位更小，分布密度更高。

哈努马法纳国家公园推出的夜间猎游很受游客欢迎，然而我的第一次夜间猎游因为一场大雨而被迫中断。在回宾馆的路上，罗杰突然指着前方的路边喊道："鼠狐猴！"黑暗中，只见高大的树上两个反光点一闪一闪，好像信号灯，在雨夜中异常明亮。鼠狐猴的眼睛暴露了它的位置。夜行性刺激了鼠狐猴视网膜色素层的发育，大大增强了它的夜视

▲ 赤褐倭狐猴

能力。加上拥有十分发达的捕捉超声波的听觉器官，鼠狐猴夜晚捕食十分敏捷。这种夜行性杂食动物以蜥蜴、昆虫以及小鸟为食，偶尔也吃野果和树叶。

在第二天的夜游中，我终于见到了这种小型狐猴的真面目。为了引诱小家伙现身，向导在树干上抹上香蕉，那是它喜欢的"甜品"，然后我们开始耐心等待。10分钟后，树叶晃动，在手电光的照射下，一个尾巴比身子还长、眼睛占了脸三分之二的小东西只露了一下脸，便"嗖"地一下跑开了。鼠狐猴亚科共计4属17种，我们遇见的是其中的赤褐倭狐猴（Brown Mouse Lemur）。它的行动太快了，一刻也不停，偶尔好奇地从树叶中探出头来，亮晶晶的大眼睛在黑夜中格外醒目。狐猴果然都是精灵，它们一定具有某种法力。

最近一次造访哈努马法纳国家公园又见到了埃氏冕狐猴（Milne-Edward's Sifaka），其体毛如熊猫般黑白相间。这里栖息的12种狐猴，我总共拍摄到了7种。我还偶遇了马岛特有的物种——马岛环尾獴（Malagasy Ring-tailed Mongoose）。它属于食蚁狸科的环尾獴亚科，长着深红色的皮毛和一条黑红相间的长尾巴，颜值很高。马岛环尾獴行动敏捷，不怕人，喜欢在游客休息的地方活动和寻觅食物。我上一次见到它们还是在西部的贝马拉哈石林。

哈努马法纳国家公园犹如马岛生态圈的一个缩影。大约2000年前，人类登陆马岛，第一批移民开始砍伐树木，开垦农田，饲养家畜；成片的雨林在烟雾间被烧毁，在刀斧下被砍倒。时至今日，全岛的雨林面积已经缩小了近80%，严重威胁着野生动物的生存。轻微的森林破坏反倒使竹狐猴获益，因为适量的林木砍伐给竹子的生长让出了空间，无形中增加了天然竹

林的分布密度。而这种雨林深处的金竹驯狐猴之所以被发现，也是因为当地人烧荒时，使得森林中部的竹林显露了出来。

　　然而，2009 年的一场政变为掠夺阿钦安阿纳雨林大开方便之门。在骚乱期间，出现了非法采伐森林、偷猎珍稀狐猴以及其他破坏环境的恶劣事件，这里也因此被联合国教科文组织列为濒危世界自然遗产。如果进一步烧荒，将这片竹林也破坏了，对于金竹驯狐猴来说就是毁灭性的打击了，目前它的野外种群数量只有区区数百只。金竹驯狐猴毕竟不是孙悟空，甚至连这片竹林都出不去。它们更像是孩子，全然不晓得人类世界的贪婪和无知，面临危机时无能为力。在这块世界自然遗产金字招牌的庇佑下，它们暂且继续着平静的生活。希望这种平静永远不要被打破。

附：阿钦安阿纳雨林

　　哈努马法纳国家公园所在的这片雨林位于马岛东北部，包括 6 个国家公园，面积超过 400 平方千米，形成了非常完整且独特的生态系统。八成以上的动植物为此地独有物种。在马岛的 123 种陆地哺乳动物中，有 78 种栖息在这片雨林中，包括被世界自然保护联盟列入"濒危物种红色名录"的 72 个物种，其中至少有 25 种狐猴。这些幸存至今的雨林对于延续生态进程尤为重要，而这正是保持生物多样性的关键，对保护和挽救这些稀有或濒危物种尤其是灵长目动物具有极其重要的意义。阿钦安阿纳雨林于 2007 年被列入世界自然遗产名录。

▼ 马岛特有物种马岛环尾獴

马达加斯加：我被狐猴咬伤了

时　间：2013 年 3 月、2018 年 7 月、2019 年 7 月
地　点：宗比特 – 武巴西亚国家公园（Zombitse-Vohibasia National Park）
关键词：霍巴特鼬狐猴、维氏冕狐猴、环尾狐猴

　　燥热笼罩着宗比特 – 武巴西亚国家公园。在巨大的猴面包树的威严注视下，有着狐猴"独行侠"之称的鼬狐猴从树洞中探出头来。我们这些不速之客的到来惊扰了夜行者的美梦，它睁着一双无辜的大眼睛打量着白日的世界。然而，在我见到森林的主人——美丽的维氏冕狐猴之前，一只被保护区向导当作宠物饲养的环尾狐猴先送上了一份让我永生难忘的"礼物"。

▼ 维氏冕狐猴

夜行性的霍巴特鼬狐猴

2013 年，我独自一人重返马达加斯加。3 月，雨季即将结束，马岛西南部却依旧干燥炎热。一路上红土飞扬，我终于在中午之前赶到了宗比特 – 武巴西亚国家公园。从伊萨鲁国家公园前往西南部的海滨城市图利亚（Tulear）都会经过这里，然而赶路的客人大多擦身而过，因此这里门庭冷落。狐猴专家罗杰在这里做过不少关于冕狐猴的研究，因此特意安排我进来参观。

走进这个成立于 1997 年的国家公园，我很快便发现什么地方不太对劲。地面上铺着厚厚的枯叶，树木虽高大，却并不枝繁叶茂。藤蔓类植物缠绕在树干上，纵横交错。原来这是热带旱林（Dry Rain Forest）。和东部的热带雨林相比，热带旱林有明显的干季和湿季之分，林相随着季节而变化。干季时，大部分树叶会掉光，以减少水分散失；雨季来临时，森林重新变得枝繁叶茂。

热带旱林中的动植物种类同样很丰富，单鸟类就约占整个马岛特有鸟种的一半（47%）。此外，这里栖息着 8 种狐猴，包括近期才被发现的叉斑鼠狐猴（Fork-crowned Lemur），还有 2006 年被发现的霍巴特鼬狐猴（Hubbard's Sportive Lemur），后者又被称作宗比特鼬狐猴（Zombitse Sportive Lemur），是宗比特 – 武巴西亚国家公园的特有种。"Sportive"意为"嬉戏的、运动的"。顾名思义，这种小型狐猴在树上行动灵活，在地上则会像袋鼠一样跳跃。

鼬狐猴是严格的夜行者，白天躲在树洞里睡大觉。与其他狐猴的不同之处在于，它们是典型的"独行侠"。即使在 5 到 8 月的交配期，公、母鼬狐猴也不会生活在一起，交配完后各回各的窝。诞下小狐猴后，公狐猴一走了之，母狐猴独自抚养孩子。鼬狐猴发展出独特的消化系统——借助盲肠辅助消化吸收。它可以食用植物粗纤维，甚至可将自己的粪便吃下进行二次消

扫码观看

维氏冕狐猴

化吸收。正是这种独特的消化能力才使其能忍受贫瘠的生存环境。

虽然鼬狐猴是夜行动物，但知道它的家就好办了。本地向导对此地很熟悉，带着我们登门拜访。十几米开外的一棵大树上，一个毛茸茸的棕色脑袋从树洞中探出来，这正是霍巴特鼬狐猴。在它警觉目光的注视下，我小心翼翼地走到树下。只见这个胖乎乎的家伙从栖身的树洞里露出半截身子，粗壮的前肢和圆圆的大眼睛让我想起了澳大利亚树袋熊，同样憨态十足。然而这双大眼睛不光会卖萌，据说还是"御敌武器"。鼬狐猴凭视觉信号传递信息。在两只公鼬狐猴的领地边界上，双方怒目而视。当一只移动位置时，另一只也会如法炮制。这种"以眼还眼"、通过视觉方式宣告领地的行为，在灵长目动物中实属罕见。它们胆小敏感，视力不太好，听力却很棒。听到动静，这只霍巴特鼬狐猴"嗖"地一下子缩回到树洞中，似乎从未出现过。

徒步了两小时，我要找的维氏冕狐猴（Verreaux's Sifaka Lemur）却迟迟没有现身。我们找了个阴凉处打算休息一下。公园向导饲养了一只环尾狐猴，这个家伙自始至终尾随着我们。此刻它也许饿了，跳到我的腿上四处嗅着，想要找点食物。我下意识地把手背到后面，然而这个举动被它误解了，以为我的手里有吃的。于是当我再次把手伸出来的时候，它迅速扑了上去，狠狠地咬了一口。手掌一阵刺痛，我立刻甩开它，然而为时已晚，鲜血顿时渗了出来。这时罗杰和向导立刻冲过来赶走狐猴，又去车里拿矿泉水给我冲洗伤口。向导按照罗杰的嘱咐去采了一些草药，将其揉碎后敷在我的伤口上。血很快被止住了，但我仍惊魂未定。"肇事者"知道闯了祸，远远地躲着，不敢近前。罗杰安慰我说："不要担心，环尾狐猴的唾液里没有毒，不会致命的。"由于附近没有任何医疗机构，我也只能听他的了。

包扎好伤口，我们继续在林子里搜寻，很快便发现了维氏冕狐猴一家三口。它们正在一棵树上享用美味的叶子。听到动静，背对着我的"家长"——公狐猴扭头张望，它的头颈特别灵活，转动起来好像身体和头分了家似的。那身漂亮的白色长绒毛皮大衣在绿叶的映衬下华丽优雅，果然是狐猴中的"美人"。一旁维氏冕狐猴幼崽身上的黑色绒毛还未褪尽，它的嘴里塞着叶子，好奇地打量着我们。罗杰说这只幼崽大约有 7 个月大了。

冕狐猴属属于狐猴中数量最多的大狐猴科，主要分布于马岛雨林、西部旱林和干燥针叶林，以家庭为单位过着小规模的群体生活。由于昂达西贝的游客众多，管理者索性建了座狐猴岛，就是一个开放式的动物园。岛上人工饲养了七八种狐猴，其中有只冕狐猴特别漂亮。我第一次去的时候，它还给我秀了段"舞蹈"。冕狐猴本来很少在地面上活动，但是栖息地的生存环境不断遭到破坏，林木变得稀疏，过大的距离让冕狐猴无法在树间穿越遭到砍伐的地带，只好在地面上跳跃前行。然而，罗杰告诉我那只冕狐猴前不久刚死掉，还不到 10 岁。野生狐猴的食物千差万别，人工饲养的狐猴却一律只喂香蕉，身体的平衡系统遭到破坏，因此比野生狐猴的寿命短得多。冕狐猴本可以活到 20 多岁，但在人工环境下一般活不过 10 岁。那种狐猴岛对它们来说就是一个监狱。

旅行回来后两三个月，我手上的伤疤逐渐平复。朋友开玩笑说，让世界排名第一的濒危动物咬一口，可不是随便什么人都能享有的待遇。然而每每想起环尾狐猴那充满饥渴和期待的眼神，我都觉得难过。它的境遇就像是马岛上动物命运的一个缩影，困境中的人与动物都找不到出路。

▲ 冕狐猴

马达加斯加："太阳的崇拜者"

时　间：2013 年 3 月、2018 年 5 月、2019 年 7 月
地　点：安雅自然保护区（Anja Community Reserve）
　　　　伊萨鲁国家公园（Isalo National Park）
关键词：环尾狐猴

　　环尾狐猴正襟端坐，面向太阳，张开双臂，静坐冥思。它在向太阳祈祷吗？马达加斯加，这最后的"诺亚方舟"还能坚持多久呢？好在安雅自然保护区的成功犹如绝望中的一缕曙光，至少为环尾狐猴保留下了一块珍贵的栖身之地。

▼ 环尾狐猴喜欢在地面上活动，那条黑白相间的环状花纹大尾巴是其标志

还记得动画电影《马达加斯加》里的朱利安国王吗？是的，它正是环尾狐猴（Ring-tailed Lemur），知名度最高的狐猴，也是上文中提到的伤害我最深的那个。这一次，我要进入它位于马达加斯加西南部热带旱林中的老家。

从首都出发，我们沿着七号国家公路前往伊萨鲁国家公园。进入中部地区后，景色变化很大，视野中出现了越来越多的高大岩石山脉和开阔的谷地，植被也更加稀疏。中午时分，我们抵达了安雅自然保护区。这里依山傍水，湖中盛开着紫色睡莲。赶着鸭子的女孩，牧牛的村民，头顶箩筐的洗衣妇，好一幅恬静的乡村风景画，原来环尾狐猴的家园这般美丽。这个保护区曾获得联合国的嘉奖，成为马岛生态旅游的示范。

曼扎卡扎着一头时髦的小辫子，这个开朗活泼的年轻人已经是第二次当我的向导了。他告诉我，安雅自然保护区成立之前，世界各地动物园中的环尾狐猴几乎都出自这里，当地人经常私自捕捉环尾狐猴卖给外国人。这一带的村民开荒烧林，也毁掉不少狐猴的栖息地。村民们还经常捕杀环尾狐猴，因为它们会破坏庄稼。保护区成立后，生态旅游最终成为解决手段。1999年，安吉·米雷协会，这个由当地人发起的致力于生态保护的组织，划出 30 万平方米土地建起同名保护区。如今这里生活着 200 多只环尾狐猴，成为既保护生态环境又造福当地居民的成功案例。成立保护区后，一度游客喜欢投喂狐猴，不过现在这种行为已经被明令禁止了，维持环尾狐猴的野生状态很重要。曼扎卡很满意现在的工作。作为自然向导，他还带游客观鸟和变色龙。

保护区里散落着许多巨大的岩石，因此又被称为"岩石公园"。环尾狐猴白天在树上或者地上活动，夜晚则在岩石的缝隙里过夜，躲避天敌——马岛獴（Fossa）。午后，气温很高，一群环尾狐猴正聚在树荫下的一块大石头上。环尾狐猴标志性的大尾巴比身体还要长，有黑白相间的条纹，白色条纹的数量与尾椎骨的数量一致。不过，这种大尾巴既不能卷曲，也不能辅助攀爬和抓握，仅用于保持平衡、族群交流和卖萌。

环尾狐猴身上有 3 处臭腺，能分泌出奇臭无比又挥之不去的体液。它常用倒立的方式，以生殖腺摩擦树干来标记领地。繁殖期，公狐猴间发生冲突的时候，一方也会将刺激性气味涂抹在尾巴上甩向对方，尾巴能扩散这难闻的气味，用来驱赶敌人。头领在行动前也会高高竖起尾巴，对其他环尾狐猴发出信号："我在这儿，跟紧我。"总之，这是条多功能的大尾巴。如果天气太冷，环尾狐猴就把尾巴抱在胸前取暖，晚上睡觉的时候还可以枕着。当几只环尾狐猴抱团形成一个"狐猴球"的时候，你根本分不清哪条尾巴属于哪一只狐猴。

和大多数狐猴不同，环尾狐猴大部分时间待在地面上。由于脚底有毛，它在光滑的岩石上跳跃时也不会滑倒。环尾狐猴彼此靠叫声、高高翘起的长尾巴以及互相熟识的气味保持联系，是狐猴世界中唯一的母系社会，一群有 5 ~ 20 只，头领都是母猴。这种昼行狐猴在白日里的活动很有规律，每天要花三四小时进食，还要到固定的水源去饮水。虽然只在白天活动，它却

拥有夜行狐猴的视力，视网膜后存留有绒毡层膜（可提高夜视能力）。

除了觅食嬉戏外，环尾狐猴还有一种很特别的行为：晒日光浴。忍受了一夜寒冷，太阳升高时，环尾狐猴经常盘腿而坐，伸展双臂，让阳光温暖胸部、腹部、两臂和两腿中的血管。这种打坐姿势仿佛在向太阳祈祷，科学家的解释是日照有助于消化食物和生理发育。当地人则称它为"太阳的崇拜者"。在这片奉行祖先崇拜的土地上，人们认为环尾狐猴是一种具有超自然能力的动物。

嫩叶、花、果实、昆虫都是环尾狐猴喜欢的食物，然而我却看到几只狐猴在地上一个劲儿地舔土。原来和很多食草动物一样，它也需要从土壤里补充矿物质。这个地区的荒漠灰钙土看起来很合口味，众狐猴就这样趴在地上，舔得不亦乐乎。阳光下，环尾狐猴自由穿梭在林间，发出小猫般的叫声。真希望马岛能够多一些这样的安全庇护所。

告别安雅自然保护区，我在傍晚时分进入伊萨鲁国家公园。迎接我的是一场大自然雕琢出的"地质狂欢"：嶙峋怪石在夕阳下呈现出褚红、绛红等高饱和度的色彩，配合着光影的生动变幻。路边的一块突兀的巨石好像女王头像，亿万年的地质变化造就了这些孤独的身影。这里的一切仿佛都处于开天辟地时的原生状态。层层叠叠、纹理齐整的砂岩形成于两亿年前的侏罗纪，是风与水共同作用的结果。高地上沟壑纵横，暗河流淌，从谷底到山顶分布着不同时期的岩层，层次清晰，色调各异。加之地形复杂多变，这里对地壳运动有着极为重要的研究意义，简直就是一部"活的地质史教科书"，难怪被誉为马岛第一地质公园。

第二天清晨，我登上山顶，俯瞰壮观的峡谷和奇峰异岭。走在这宛如外星世界的广袤荒原上，"伊萨鲁（Isalo）是什么意思？"我问向导。他随手一指路边像柳枝一样随风舞动的低矮植物，说道："ish-ah-loo 是这种特有植物的马语名字。"我注意到他的 T 恤背后印着一株矮胖粗壮、顶端开着黄花的银白色植物，在路旁不时见到这种植物的真身，好像迷你版的猴面包树。

"这叫象牙宫，也是此地特有的多肉植物，俗称'大象脚'，在干旱地区常见，它喜欢生长在日照强烈的石质地区。这种耐旱植物的根茎特别肥大，可以储存大量的水分。如果遇到缺水的紧急情况，当地人就把它刨开救急。""你喝

◀耐旱的多肉植物象牙宫

安雅自然保护区的成功让我们看到了环尾狐猴种群的希望

过吗？""喝过，没什么味道。"

伊萨鲁国家公园中最常见的狐猴也是环尾狐猴，这里原本还有少量维氏冕狐猴。多年前的一场大火烧毁了后者的家园，除了一只刚断乳的小狐猴，其余的维氏冕狐猴都逃到别处去了。如今这个孤儿已经长大，却无法找到同类成家，独来独往，好不孤单。据说公园管理者正在考虑从别处引入一只母维氏冕狐猴，祝它尽早"脱单"吧。

环尾狐猴多在山谷隐蔽的森林中活动，国家公园中的野餐区周围就有不少。它们有时甚至会直接跳上餐台，非常顽皮。有了之前被咬的经历，我尽量躲着它们。下山时，身后的山谷中传来嘹亮的啼叫。向导说："那是预警信号，提醒其他狐猴注意隐蔽。""哪儿来的威胁？"我不解地问向导。"来自空中，应该是马岛鹰吧。"向导说。不过，我想最大的威胁应该来自人类吧。只是当这样的威胁临近时，谁又能提醒它们呢？

扫码观看

▼ 安雅自然保护区里的环尾狐猴

马达加斯加：第一处世界自然遗产的"刀山奇观"

时　间：2017 年 5 月
地　点：贝马拉哈国家公园（Tsingy de Bemaraha National Park）
关键词：钦基石林、瓦氏冕狐猴

　　贝马拉哈国家公园中，一望无际的青黑色岩石散发着阴森的光泽，它们在侏罗纪就已经形成了。腰间系上绳索，我小心翼翼地攀爬在如刀刃般锋利的岩石上，不敢有丝毫松懈。远处，几只瓦氏冕狐猴轻松地飞驰在尖峰之上，身后留下一片惊叹。

▼ 栖息在钦基石林中的瓦氏冕狐猴

马达加斯加拥有全世界最古老的地质结构之一。1.65 亿年前，当冈瓦纳古陆分裂时，马岛承载着众多生物，神秘地漂向了南方海洋。如今，这座被誉为"第八大陆"的岛屿还在继续向我们展示着这个星球上一些罕见的地质奇观。

▲ 穿越森林时偶遇瓦氏冕狐猴

这一次，我把目光投向了马岛西部的喀斯特石林地貌。当地人称之为"Tsingy"，意为"踮着脚尖走路"。钦基石林所在的贝马拉哈国家公园（Tsingy de Bemaraha National Park）是马岛的第一座国家公园，1990 年入选世界自然遗产名录。但它也是最难抵达的国家公园了，雨季道路被水淹没，因此每年只有 5 到 11 月的旱季公园才对外开放。交通方式是越野车加摆渡船。

一大早，我们从西部重镇穆隆达瓦（Morondava）出发，虽然到公园所在的贝库帕卡（Bekopaka）只有 200 千米，但道路颇为泥泞，途中不断遇到大大小小的水坑，水深处必须有人指挥才可以过去。那些在路边为车辆引路的村民顺便挣点小费。走走停停，两小时后我们才来到玛哈吉罗（Mahajilo）河边，眼见一条载着车子和人的巨型竹筏缓缓地到达岸边。岸边的工人将两块铁板搭在摆渡船上，熟练地指挥车子鱼贯而下。岸边等候的车子一辆辆地开上去，顺序排列，一次竟能装下 6 辆越野车，然后再上人。摆渡筏子向着 500 米外的对岸缓慢驶去。上岸后穿过一个渡口镇子，又开了一小时，来到第二条河——马南布卢河（Manambolo）边。河对岸就是保护区的大门，然而这最后一道考验更让人瞠目：摆渡筏子停在河的中央，车子需要直接开到河里，然后再由筏子摆渡到对岸。好吧，这样的方式很"马达加斯加"。

我们终于在下午 3 点公园关门之前进入。因为时间有限，我们先走一个 1 千米左右的小环线。锋利、陡峭的石灰岩塔林高耸壮观，有些甚至高出马南布卢河三四百米。行走在石林底部，地面上有很多狭窄的岩沟，很多地方根本没有路，必须在尖岩间攀爬。这些石灰岩尖利、陡峭又易碎，然而法国人设计的这条徒步线路很巧妙，但凡无路可走的时候，肯定会有一个人工修建的落脚石帮你迈过去。这些用碎石打造的"台阶"只能容一只脚踩上去，每次仅容一个人通过。这种"拓展训练"是我在过去的旅行中从未遇到的，感觉很新鲜。

在石林底部上下攀爬了近一小时后，我们终于上到了一处观景台。我长舒了一口气，欣喜地注视着面前壮观的石林风景。它犹如一个巨大的迷宫，连绵不绝，又像尖刀般挺拔林立。这些石灰岩的顶部非常干燥，雨水流到底部聚集起来，肥沃的土壤为植物提供了养分。旱生芦荟这样的耐旱植物纷纷从缝隙中钻出来，展示着生命的顽强。突然，在石林边缘，一些雪白的身影跳跃而出。这些灵巧的家伙莫不是当地特有的瓦氏冕狐猴（Van der Decken's Sifaka）？没想到这么快就遇见它们了，我不禁既惊又喜。这些白色精灵在青黑色的石林尖顶间来去自如，几秒后便消失在森林中，根本来不及拍摄。

"明天我们会走大环线，难度更大。"国家公园的女向导在顺利结束小环线的徒步后预告了第二天的行程。既然到了门口，这"刀山"上也得上，不上也得上。第二天早上前往大钦基石林途中，我们穿过一片茂密的森林，遇到一对褐美狐猴，跟它们友好地打了个招呼。很快，我们便进入了一个更为庞大的石林迷宫。阴暗的峭壁、冷峻的石山几乎呈 80° 倾斜。我将安全扣套在山岩边的辅助绳索上，手脚并用，小心翼翼地攀爬着。中间停下来喘口气时，向下一瞥，我还真有些腿颤，无数锋利无比的尖峰冷冷地提醒我不要掉下来，否则后果不堪设想。

这种喀斯特地貌的形成过程漫长而复杂。石灰岩由大约两亿年前海底的贝壳化石沉积而成，地壳变动时从海底升上来，又在陆地上经过了 500 万年的侵蚀和冲刷。地下水渗入庞大的石灰岩床，顺着裂缝和断层发生溶解侵蚀，从而形成岩洞和隧道。被侵蚀的洞腔越来越大，最终导致顶层沿着先前的裂缝坍塌，造就了这些尖锐的石峰和笔直的石谷，才有了今天这般磅礴壮观的景象。

然而，正是因为地形复杂，这些岩石迷津阻挡了外界的滋扰，加之长期以来交通不便，这个"世界上最大的天然迷宫"才完整地保存了亿万年来马岛孤独演化的地质地貌和生态环境。垂直分布的生境孕育出复杂多样的植被，很多本地生物不为世人所知，至今还没有任何一支科考队完整翔实地勘探过该地区。

顺利完成大环线的徒步，领略了更为壮阔的喀斯特石林风景后，我却念念不忘瓦氏冕狐猴。白天它在石林中出现的概率非常低，清晨和黄昏时最活跃。在返回途中，又经过那片森林时，我一抬头，竟然看到大树上赫然端坐着一群瓦氏冕狐猴。站在树下，我目不转睛，生怕它们转瞬即逝。只见瓦氏冕狐猴倒挂在树枝间，伸出毛茸茸的爪子灵巧地摘树叶。有关这种狐猴的习性，人们了解得很少，只知道演化让它具有了厚厚的手掌和脚掌，从而得以在锯齿状的地表穿行。

温柔似水的狐猴与坚硬冰冷的石林是一对不寻常的组合。这片净土上孕育出的奇特生命，总能带给我们思索与惊叹。瓦氏冕狐猴，可否与钦基石林再相守万年呢？

马达加斯加：迷失在梦幻"石林星球"

时　间：2017年5月
地　点：安卡拉那国家公园（Ankarana National Park）
　　　　安卡拉方齐卡自然保护区（Ankarafantsika Nature Reserve）
关键词：石林

　　走进安卡拉那国家公园，我又一次踏上了"外星之旅"。马达加斯加的每座国家公园都会带给我一段与众不同的探险经历，完全不用担心看到雷同的风光。毫无疑问，这正是它的魅力所在。

▼ 安卡拉那鼬狐猴好奇地从树洞中探出头

贝马拉哈国家公园的钦基石林让人叹为观止。继续向北，我们来到安卡拉那国家公园（Ankarana National Park）。这里也有一片面积广大的石林，更像"石海"。始建于1956年的安卡拉那国家公园由于位置偏僻，交通不便，至今很多地方尚未被开发，游客自然也更少。

我们沿着旱季干涸的河道向公园深处走去。"雨季到来后，这里会被河流淹没，根本没有路。"国家公园的向导弗洛指着一个巨大的深坑说，"地面上的河水不断汇入，如瀑布般涌入洞穴，形成地下河。"安卡拉那国家公园所处的地区是几百万年前从海底升上来的，多岩洞和地下河。据说地下河（包括支流）长达110千米，直通莫桑比克海峡，为非洲之最。安卡拉那人是马达加斯加北部的主要族群，在18世纪的部落战争中为躲避强大的梅里纳人迁居到此地，这里也因此成为安卡拉那原住民文化的发源地。那些挂满蝙蝠的神秘洞穴被赋予各种历史传说，成了当地的一道著名景观。

国家公园里奇形怪状的植物不少，有的匍匐在地，好像一团乱麻绳，肆意伸展着枝干。"这里至少发现了330种植物，北部特有的物种包括巴氏棒槌树、皮埃尔猴面包树、绒毛白蜡、凤凰木等。"弗洛讲解着各种奇花异草。不知不觉间穿过森林，我们面前出现了一片开阔地，脚下的路却愈发难走。不规则的青石块高低不平，尖锐的表面让人无法下脚。走了约1千米，我登上一块巨石后被面前的景象惊呆了：如锋刃般的青黑色石林从脚下浩荡铺开，壮观的石海向远方奔腾而去，直到天际。艳阳高照，石海呈现出纯净的灰色；偶尔飘来一片乌云，顿时又变成了墨青色。岩性纯净，因为这里降水充沛，阳光强烈，很少有藻类能附生在"剑锋"之上，倒有不少奇异的多刺植物顽强地从冷峻的岩缝间钻出来。

千万年前，酸雨慢慢溶解了这片白垩质高原上的岩石，打造出壮观的石海，然而青灰色还是有些单调。听说距离安卡拉那国家公园不远处还有一片更为美丽的红石林，我顿时来了兴致。前往红石林的道路相当颠簸，越野车行驶在尘土飞扬的土路上。距离公园门口最近的这片石林

▲ 桑氏美狐猴

▲ 冠美狐猴

犹如外星世界的红石林

面积不大，山体呈半环形，类似采矿场。山的内侧布满橙红色石灰岩，它们被风化溶蚀成尖峰石林，一个个粉红色的尖笋规整漂亮。据说这仅仅是整个红石林区的一小部分，公园深处还有更多美景，然而没有道路可以抵达。大自然的美景只能属于少数不畏艰辛的人。

安卡拉那还是野生动物的乐园，这里有 11 种狐猴、96 种鸟类、60 多种爬行动物，50 种软体动物，还有 14 种蝙蝠。据说马岛蝙蝠的一半都栖息在安卡拉那的洞穴里，这些蝙蝠当中的两种（Mégachiroptères 和 Microchiroptères）分别是世界上最大和最小的蝙蝠。这里的"明星狐猴"是安卡拉那鼬狐猴（Ankarana Sportive Lemur）。鼬狐猴这个大家族在马岛的主要国家公园都有一个分支，均为当地特有。安卡拉那鼬狐猴的体形较大，只是在我看来，它们长得都差不多。我们的到来惊动了它，鼬狐猴从树洞里出来，将毛茸茸的身体缩成了一个毛球，一双圆眼睛像两个大灯泡。

马岛西北部还有一处重要的自然保护区——安卡拉方齐卡自然保护区（Ankarafantsika Nature Reserve）。马岛的地名大多长而拗口，直到离开时我才勉强记住。这片保护区的生境多样，落叶林、雨林、稀树草原和红树林沼泽均可以找到，九成树木和草本植物都是当地特有物种；129 种鸟约占了马岛全部鸟类的一半，其中竟然有 66 种特有鸟种。

我们徒步的终点是一处五彩绚丽的岩石峡谷。穿过森林，面前突然出现了一片开阔的草原，有些突兀。阳光毫不留情地倾泻下来，我们顶着烈日穿过这片空旷的草原，又走了约 2 千米，终于见到了历经万年水蚀和风化作用而形成的拉瓦卡峡谷。站在峡谷边缘，脚下是壮观的沟壑。陡峭的岩壁和高低大小不一的沙石柱以不同的姿势诉说着大自然的造化。岩壁和沙石柱色彩丰富，搭配各种曲线，犹如一幅立体的现代派作品。据说雨季时峡谷底部便会形成河流，蜿蜒淌过红色沙石柱，那景象一定很美妙。

　　返回途中，我们遇到此地特有的埃氏鼬狐猴（Milne-Edward's Sportive Lemur），这是一个比较小的狐猴分支，仅存于马岛西北部这片不大的区域里。因为栖息地不断缩小，它已濒临绝种。安卡拉方齐卡自然保护区中共栖息着 8 种狐猴，其中 6 种是夜行性，包括最小的灵长目动物——小鼠狐猴。鼬狐猴的视力都很差，主要靠听觉行动。这只埃氏鼬狐猴并没有察觉到我们站在树下，直到同伴无意中踩到落叶发出响声，它才一下子缩回洞里。我们等了许久，也没有见它再露面。

　　从公园里出来时，我竟然在门口的大树上见到了 4 只克氏冕狐猴（Coquerel's Sifaka）。真是得来全不费工夫。在那次旅行中，我又在北部的琥珀山国家公园中拍摄到了桑氏美狐猴（Sanford's Brown Lemur）和冠美狐猴（Crowned Lemur）。然而，我最想见的却是一种罕见的如幽灵般的狐猴——指狐猴（Aye-aye）。

▼ 克氏冕狐猴

安卡拉那国家公园中壮观的石林风景

马达加斯加：夜探"马岛幽灵"

时　　间：2019 年 7 月
地　　点：帕玛里姆保护区（Palmarium Reserve）
　　　　　潘加兰运河（Pangalanes Canal）
关键词：指狐猴

　　月圆之夜，一个鬼魅般的身影拖着长长的尾巴游走在旅人蕉上。它伸出那令人恐怖的超长中指，以每秒 8 次的频率敲击着树干，同时转动着大耳朵倾听，通过回声定位接收到树干里的信息后，便用力咬开树皮，用中指掏出肥嫩的幼虫，享受着其他动物无法获得的美食。这就是指狐猴，一个神出鬼没的"马岛幽灵"。

▼　指狐猴的外貌诡异，性情却非常温顺

黑夜降临，马达加斯加的另一些奇特动物从沉睡中醒来，属于它们的时间到了。

密林中，指狐猴（Aye-aye）现身了。它那怪异的相貌在月光下格外瘆人：招风大耳，惨白面孔，橘黄色眼睛，一身黑色长毛，超长骨质中指的长度是其他手指的 3 倍。这是灵长目中唯一采用回声定位方式捕猎的物种，也是我见过的最诡异的动物。

由于数量稀少（据说全岛不超过 500 只），加上夜行性，指狐猴极难在野外遇见。得知马岛东部沿海的马楠巴图（Manambato）附近有一个指狐猴保护区，当地的帕玛里姆度假村可以安排夜访指狐猴的行程，2019 年 7 月，我专程前往拍摄。从昂达西贝出发，我们在泥泞的道路上颠簸了 3 小时后来到海边，再换乘酒店的接驳船，驶入潘加兰运河（Pangalanes Canal）。这条 645 千米长的运河从 1896 年开始挖掘，法国殖民者约瑟夫·西蒙·加里埃尼（Joseph Simon Gallieni）为了加强对马岛东海岸沿岸岛屿的控制和运送军队，驱使 300 多人疏通近海处断续的沼泽和潟湖，历时 8 年。这条运河成为东部一条重要的水路通道。

坐落在运河深处的帕玛里姆度假村，在当地语中的名字为 Ankanin'ny Nofy，意思是"梦之巢"，它位于一个自然保护区里。多种狐猴被引入这里安家，甚至产生了一些"混血狐猴"。第二天傍晚，我们坐上度假村的小船来到建在运河水网中一个孤岛上的指狐猴保护区。多年以前，研究人员将指狐猴引入小岛，目前共有 8 只。为了便于游客观赏，每天晚上管理人员会用椰子引诱它们出来。但是椰子只是"甜点"，指狐猴仍需自力更生觅食，保持在野外的生存能力。

我们在皎洁的月光下登岛。我紧跟在向导身后走进密林，来到指狐猴经常出没的区域。树干间放了一个椰子。月光下，我一眼便看到椰子上蹲着一个毛茸茸的家伙，有些意外，这家伙比我想象中的体形大多了。我原以为指狐猴类似于鼠狐猴，结果发现它竟然比家猫还大。这个家伙长着一对招风大耳，拖着一条比身子还长的毛茸茸的尾巴，加起来超过 1 米。奇异的外貌让我这样见多识广的人也吓了一跳。我们的出现惊动了它，它立刻放下椰子，迅速消失在黑暗中。夜行动物通常都非常胆小。

我们在原地耐心等待了半个多小时，它都没有再现身。于是，向导决定换个地方试试。来到另一个观察点，我惊喜地发现一只指狐猴正在努力"工作"。虽然它背对着我们，但我仍然可以清楚地看到它超长的中指伸进椰子里，像木匠锯木头一样上下抽动，麻利地将椰肉切下掏出；干累了，换另一只爪子继续，左右开弓。食物的巨大诱惑让它对外来者视而不见。

终于，指狐猴换了个姿势，正面对着我们。我终于可以看清世界上最大的夜行性灵长目动物的尊容了。它披着一身长长的灰黑色毛发，中间还夹杂着些白毛，惨白的脸上长着一双橘黄色的圆眼睛，目光呆萌。指狐猴身上最奇特的部位是手指，球窝关节可以使手指向各个方向弯曲，甚至可以弯向手背方向。最上面的指节也可以前后弯曲，超级灵活。前爪中指的长度是其他指头的 3 倍，几乎全是骨质，外面附着一层腱。据说年幼的指狐猴也喜欢敲树干，但需要训练两三年才能准确定位昆虫幼虫的位置。在灵长目动物原猴亚目下的 8 个狐猴科中，它是指狐猴科下唯一的一种。灵长目动物的牙齿结构与人类相似，但指狐猴更接近啮齿目动物，牙齿可以一直生长。

指狐猴会在黑夜中发出"唉唉"的叫声。它的行动像猫一样无声无息；夜里沿着树干行走时，鼻尖紧贴树皮。当听到或嗅到什么时，指狐猴便停下来敲击树干，继而猛烈地掘咬树皮，直到挖出隐藏在树干中的幼虫。它只拣昆虫幼虫及鸟蛋食用，却不吃大型昆虫。这种进食习性颇像啄木鸟。难怪偌大的马岛竟没有啄木鸟，原来给树木治病这项工作被指狐猴干了。忙碌的指狐猴享用完椰子后，拖着大尾巴给了我们最后一瞥，便消失在黑暗中，整个过程不过五六分钟。

我恋恋不舍地收起相机，想起网络上关于指狐猴的介绍，其中有这样一句话：指狐猴是人类不同寻常的远亲。但人们真的善待这些"亲戚"了吗？看起来幽灵似的恐怖动物其实温和柔弱，且命运多舛。因为指狐猴相貌怪异，加上夜行性，当地人认为它的出现预示着不祥，会带来杀身之祸。当失去了森林家园后，指狐猴就会转而以人类种植的水果为食，而农民为保护作物也会杀掉它们。目前，指狐猴在马岛处于极度濒危状态。

▲ 指狐猴

深居钢筋混凝土丛林中的我们远离大自然已久，对大自然的感悟也越来越少。当自然资源变成商品时，我们便不再心存感激和珍惜。过度索取和不合理利用导致人类对资源的需求越来越大，也使得越来越多的野生动物失去了家园。在动画电影《马达加斯加》里，动物们逃离纽约，只为回到心中的故乡与天堂——马达加斯加。然而，在现实世界中，我只想问，指狐猴的天堂在哪里呢？

斯瓦尔巴：寒冷的呼唤

时　　间：2012 年 7 月、2015 年 7 月、2017 年 8 月
地　　点：斯瓦尔巴群岛（Svalbard Islands）
关键词：北极

　　我从来都不是探险旅游的拥趸者，极地也从未列入过我的目的地清单，直到 2012 年的斯瓦尔巴群岛之行，无意间为我打开了一扇通往冰冻星球的大门。来自极地的呼唤，让我的心从此有了方向。然而，5 年中 3 次前往斯瓦尔巴群岛，我开始意识到一个可怕的事实：北冰洋的海冰正在加速融化……

▼ 斯瓦尔巴群岛的红松峡湾，雪岭冰河、淡蓝海湾让人痴醉

北极，寒冷？挑战？或者……梦想？对于绝大多数人来说，极地旅行或许是旅行的最高境界，极地也是这个星球上抵达成本最高的地方之一。只有当看够了别处的风景，才想到要完成这最后的夙愿吧？ 100多年来，无数的探险家与航海家把征服极地当作他们最伟大的梦想与荣耀。

与南极大陆不同，北冰洋是一片浩瀚的冰封海洋。从陆地上穿越北极圈并非难事，但这仅仅标志着进入北极地区，唯独邮轮可以带我们深入探访北冰洋。挪威最北端的属地斯瓦尔巴群岛（Svalbard Islands）的首府朗伊尔宾（Longyearbyen）位于群岛中最大的斯匹次卑尔根岛（Spitsbergen）上，被称作"北极探险大本营"，夏季定期有航班往返挪威本土。2012年夏天，我和几个朋友从朗伊尔宾登上挪威海达路德邮轮公司的极地探险船"前进号"，开始了一段沿着斯匹次卑尔根岛西海岸的航行。

这是我生平第一次与极地大海相伴。置身于午夜太阳的奇景中，永恒的阳光颠覆了现实，日子好像从来没有尽头。万年冰川闪烁着幽蓝色光芒，如童话般晶莹剔透。虽然过去8年了，我依然记得"前进号"破冰的那一刻。随着大块浮冰在船体巨大的冲击下碎裂，海水被搅动起来，三趾鸥争先恐后地俯冲下去抓鱼。尽管首次北极航行仅以远远看到岸上的一头呼呼大睡的北极熊告终，却为我打开了一扇通往冰冻星球的大门。

3年后，我决定重返斯瓦尔巴群岛。这次选择了环岛航行，航线的名称也很霸气：北极熊王国。整个北极地区有两三万头北极熊，斯瓦尔巴群岛上就有3000头左右。从2015年7月30日登船到8月6日凌晨下船，在短短的一周时间内，我在斯匹次卑尔根岛东部的浮冰区如愿以偿地看到了3次北极熊，共计6头。一头一岁左右的小北极熊甚至跑到了大船下面，让我们成了世界上最幸福的极地游客。

两年后，得知"前进号"又推出了长达12天的斯瓦尔巴群岛大环线行程，我毫不犹豫地预订了舱位。然而，2017年8月的这次航行大大出乎我的意料，因为气温上升，岛东部的浮冰大面积消失了。北极熊依赖海冰捕食海豹，猎物主要在大陆架浅海的冰面下活动。如今失去了捕食场所的北极熊不得不在岸上觅食，众人在船上默默地注视着无精打采、体形瘦弱的北极霸主翻找着沿岸的垃圾，它们和两年前那几头干净、漂亮、健壮的北极熊形成了鲜明对比。气候变暖对这个世界的影响，不再是一个遥远的政治话题。

斯瓦尔巴群岛也是北极的另一代表动物——海象的家园。它们常常数十头聚集在海滩上，鼾声大作，无忧无虑，北极熊也奈何不得。海象的体重可达1吨，两根长长的洁白牙齿既是武器也是工具，让它在北极的生活变得更为容易，却也因此面临濒危的境地。"来自北方的象牙"在很久以前便是人类交易的珍贵物品。200多年来，海象的数量从50万头急速下降到濒临灭绝的边缘。直到20世纪70年代，人们才开始采取保护措施，使其得以继续繁衍。北极海域的海洋哺乳动物在历史上都曾经有过这样一段悲惨的经历。

在长期的演化过程中，北极的生命与南极一样，早已适应了寒冷的白色世界。麝牛在零下

40 摄氏度的气温中依然可以找到埋在雪下的植物残茎；北极狐在冬季换上"白色外套"，游走在苔原上时几乎难以被察觉；北极熊虽然与它的近亲棕熊的分化时间还不到 50 万年，却熟练掌握了在海冰上狩猎的方法；两万多头斯瓦尔巴群岛驯鹿成为地球最北端的驯鹿亚种群。北冰洋里除了 20 万头海象，还游弋着迷人的白鲸和独角鲸。

在如此生机勃勃的极地，由于全球气候变暖、海洋环境污染、自然资源过度开发等，生态环境并不乐观。如果人类对此还在远远观望，生活在各自的舒适区中，忘却了自然的残酷和真相，那么现在北极熊面临的生存危机在未来就会波及整条生物链，产生致命的影响。一旦生物链支离破碎，人类也将无法生存下去。一个物种的消亡必定会对其他物种有所警示，一切物种在自然之中都是渺小的存在。

北极斯瓦尔巴群岛的旅行，让我进一步认清了人类对于这个星球的责任。

附：斯瓦尔巴群岛

位于北纬 74°～81°，坐落于巴伦支海和格陵兰海之间，是挪威最北端的属地。该地区在 12 世纪由挪威人最早发现，直到 1596 年才被荷兰航海家威廉·巴伦支命名为"斯瓦尔巴"。这个群岛距离北极点 1300 千米，总面积约为 6.2 万平方千米，由斯匹次卑尔根岛、东北地岛、埃季岛、巴伦支岛等组成，其中斯匹次卑尔根岛的面积约占总面积的一半。居民约有 3000 人，首府朗伊尔宾是地球上最北端的人类居住地。17 和 18 世纪，斯瓦尔巴群岛被当作捕鲸站使用，后遭废弃。20 世纪初，挪威人和俄国人开始开采岛上的煤矿，形成数个永久聚居地。1920 年，《斯瓦尔巴条约》确认了挪威的主权。1925 年又通过的《斯瓦尔巴法令》确立此地为挪威王国的一部分，而且为自由贸易区及非军事区。斯瓦尔巴大学及全球种子库皆坐落于此，当地政府积极开展科学研究和旅游业。群岛上的所有定居点无道路连接，交通工具以雪地摩托车、船只及飞机为主。2004 年，中国在此建立了北极黄河站，开展科考工作。

▼ 海冰上的北极熊母子

人迹罕至的斯瓦尔巴群岛，真正的"北极熊王国"

斯瓦尔巴：极北之城，出门请带枪

时　　间：2012 年 7 月、2015 年 7 月、2017 年 8 月
地　　点：朗伊尔宾（Longyearbyen）
关键词：北极

　　街上遛狗的女孩背后的来复枪很惹眼。带枪遛狗恐怕只会发生在朗伊尔宾这座"极北之城"。斯瓦尔巴大学的新生入学第一周的必修课是接受各种野外生存训练，包括射击、搭帐篷、驾驶和修理雪地摩托车等。

▼　夏日的朗伊尔宾，北极羊胡子草在风中摇曳

2012 年夏季，我从挪威首都奥斯陆起飞，一路向北飞行。3 小时后，飞行高度开始下降。我望了眼窗外，半夜 12 点的天空依然明亮，下方的乳白色雾气中逐渐浮现出淡蓝色河流和黑色山脉。雪融化了，只在山阴处留下道道白色印记。朗伊尔宾，我来了。随着一阵颠簸，飞机降落在地球最北端的民用机场。迎接我的并非寒冷得令人发抖的天气，而是空旷无人的寂寥。行李大厅传送带上的北极熊标本，昭示着"北极熊王国"的特殊地位。从朗伊尔宾开始，我已经真正踏上了北极之旅。

坐标：北纬 78° 13'，东经 15° 37'。朗伊尔宾算得上人类最北的定居点了［虽然各国科考站所在的新奥勒松（Ny Ålesund）更靠北，但科研人员不算常住居民］。我们来的时候正赶上极昼（每年 4 到 8 月），冬天同样漫长，极夜从 11 月末开始，一直持续到来年的 2 月。好在有北大西洋暖流的滋养，这里的春天还是很温暖的。

到达丽笙酒店已经是夜里两点了。然而，漫长的白夜难以入眠，加上初来北极的兴奋，我索性披上衣服来到大堂。像我这样的客人不少，大家三三两两地在门口聊天或者在酒吧里喝酒。我在门口遇见一位来自哥伦比亚的帅哥，用西班牙语聊起来后，得知他来朗伊尔宾已经 5 个多月了，在这里边工作边旅行。更让我惊讶的是，朗伊尔宾竟然是一个"小联合国"，2000 多位居民分别来自 40 多个国家。

第二天上船前，我花了些时间探索这座小镇。邮局、学校、托儿所、银行、医院、报社、酒店、商场、博物馆，一应俱全，甚至有一条公共汽车线路。街道上，可以看到遛狗、跑步、购物的人们，这里的日常生活与世界上其他地方没有什么不同。不过仔细观察后，你会发现这里的房屋多是简易房，五颜六色的外表与极地单调的自然环境形成鲜明对比。极端的地理位置以及多项世界最北纪录都让朗伊尔宾的生活与众不同。首先，北极熊的形象无处不在。极地博物馆、机场、超市门口甚至酒店里都赫然矗立着北极熊标本，礼品店、皮货店中摆放着北极熊皮毛，这一切愈发激起外国游客迫不及待地想看到北极熊的愿望。然而对于当地人来说，还是不要碰上为好。夏季，这里的年轻人喜欢在周末带着来复枪和帐篷去野外露营。只要离开定居点，当地人都要带枪。

我注意到不少推着婴儿车的年轻父母，根据每家门前给孩子用的雪橇数量，可以看出这里的孩子不少。走进一家托儿所，里面正在建造一个儿童游乐场。夏天孩子们才可以长时间进行户外活动，而冬天就只能在室内玩耍了。镇上虽然有幼儿园和小学，但孩子若想获得更好的教育，就得回挪威本土。于是，每年都有一批人带着学龄儿童离开这里，同时又有一些年轻人因为喜欢这个地方或者喜欢上某个人而留了下来。

在朗伊尔宾担任户外向导的汉娜就是追随男友来到这里的，她谈起朗伊尔宾的生活时颇有感触："一年有 3 个月是极夜，是有些闷，但大部分时候，朗伊尔宾的生活还是很有意思的。这是一个另类居住地，你可以遇见不同国家的人，大多数都是年轻人，大家很快就打成了一

▲ 朗伊尔宾小镇风光

▲ 背着猎枪遛狗的女子

片。"这里最多的是像汉娜这样的挪威人，排名第二的竟然是泰国人，有些出人意料。街上和超市里有不少裹着厚厚冬装的东南亚人，他们炎热的家乡和寒冷的朗伊尔宾的反差太大了。汉娜告诉我，最早来到这里的那个泰国女孩子是因为爱情而留下的，后来她发现朗伊尔宾的生活并没有想象中那样恶劣，而且不需要签证和工作许可，好找工作，待遇优厚，便将自己家乡的姊妹们都招呼了过来。久而久之，这座小镇的服务行业基本上都被她们包了。

从 11 月下旬到来年的 2 月，刺骨的寒风和长达 3 个月的极夜让游客没了踪迹。我问汉娜如何打发无聊的极夜，她说："当然是读书了。"朗伊尔宾的居民在冬季有更多的时间读书，还可以去斯瓦尔巴大学学习极地知识。这座"世界最北"的大学现有 300 多名学生，其中一半是外国人。从教学、科研、行政办公到娱乐，这里的人们全用英语进行交流。这里的学科主要围绕极地科学进行设置，包括地质、地球物理、海洋物理等。

极夜让朗伊尔宾的人们彼此更亲近。没有了游客，此时的小镇才真正属于居民自己。生活节奏完全慢下来，人们可以花更多的时间聚会。到了 2 月底或 3 月初，小镇居民还会举行一系列欢迎太阳回来的活动，持续一周时间。4 月，春天来了，白天越来越长，但冰面尚未完全解冻，活动也多了起来，比如雪地摩托、冰原徒步等。人们享受着冰天雪地中的幸福，漫长的极夜、刺骨的寒风都不能成为他们离开的理由。

镇子中心矗立着一座矿工雕像，不知被何人"点了睛"，原本沉重的历史纪念物顿时诙谐起来。想当年，一批又一批勇敢的欧洲人乘船渡海去斯瓦尔巴群岛"闯关东"。挪威人和俄国人作为探险先驱，先是捕鲸猎熊，后来转向开采煤、磷灰石、石棉等矿产资源。北极地区的煤矿资源十分丰富，随着 20 世纪初美国矿主朗伊尔的到来，越来越多有生意头脑的人跑到这冰雪覆盖之地开采煤矿。小镇周围的山上依旧保留着煤矿旧址，可以看到废弃的矿车和采矿人小屋等。因为冻土，这里的管道都是架在空中的。那时人们并没有多少环保意识，随意开采，北极晶莹的雪山变得黑头黑脸。煤矿对当地的生态环境造成了一定破坏，据说斯瓦尔巴上空的一条轻污染云带就是由火力发电厂造成的。这座发电厂用本地产的优质煤来供应全岛所需的电力，是挪威目前唯一的火力发电厂。

在挪威政府的干预下，7 个煤矿中已有 6 个处于停产状态。朗伊尔宾出产的煤炭曾经温暖过整个挪威，而今科学家正在为如何捕获和封存大气中的二氧化碳以阻止全球变暖而努力，这里逐步发展为全球最靠北的以极地研究为主的地区。极地的生活继续向前，只是以一种更文明和环保的方式。

如今，已远离采矿业的朗伊尔宾备受户外运动者和游客的青睐。4 到 10 月间，潮水般的游客从世界各地涌来，他们不是登上邮轮开始海上旅行，便是背起帐篷加入到野外探险的大军中，每年达两万人之多。只是来斯瓦尔巴群岛的自助旅行者需明白，这里不是游乐场和动物园，而是条件最艰苦也最危险的地方之一。他们要确保携带的装备足以应对极地气候的考验和来自北极熊的威胁。小镇上的几家户外用品店中的货物相当齐全，又因为免税，每次我都不会空手而归。

为了对北极进行全方位的科学研究，斯瓦尔巴群岛云集了各国科学家，建立了一大批极地科考站和研究所。郊外山顶上，用于科学研究的仪器中就有中国研究机构架设的。虽然中国不是北极国家，但 1925 年加入了《斯瓦尔巴条约》，确定了中国进入北极的合法性。该条约明确规定缔约国有权自由进入北极，并在遵守当地法律的条件下平等从事海洋、工业、矿业和商业等活动。

3 年后，在北极羊胡子草花盛开的季节，我又回到了朗伊尔宾。风中摇曳的白色绒花让单调的苔原生动起来。不远处，一头驯鹿正在吃草，白颊黑雁带着宝宝们在溪流边散步。北极不是免费的生态博物馆，厚厚的冰面之下隐藏的宝藏总有一天会被发现。然而，保护环境与持续发展需要理性，在开发的同时给后代留存一个纯净的北极是当代人的责任。这个世界其实越来越小，即便是遥远的北极。

附：《斯瓦尔巴条约》

1920 年 2 月 9 日，英国、美国、丹麦、挪威、瑞典、法国、意大利、荷兰及日本等 18 个国家经过反复交涉，在巴黎签订了《斯匹次卑尔根岛行政状态条约》，即《斯瓦尔巴条约》。1925 年，中国、苏联、德国、芬兰、西班牙等 33 个国家也加入了该条约。该条约使斯瓦尔巴群岛成为北极地区第一个也是唯一的非军事区。该条约承认挪威"具有充分和完全的主权"，该地区"永远不得为战争的目的所利用"。各缔约国的公民可以自由进入斯瓦尔巴群岛，在挪威法律允许的范围内从事正当的生产和商业活动。

斯瓦尔巴：探秘中国黄河站所在的"北极村"

时　　间：2012 年 7 月、2015 年 7 月、2017 年 8 月
地　　点：新奥勒松（Ny Ålesund）
关键词：科考站

　　在斯瓦尔巴群岛上，新奥勒松才是货真价实的"北极村"。这座科考小镇位于荒凉的北极苔原，尽管在地理上与世隔绝，但它以多种方式与世界的其他地方联系在了一起。

▼ 北极科考大本营新奥勒松

极地邮轮缓缓驶入斯匹次卑尔根岛西北海岸最大的峡湾——康斯峡湾（Kongsfjord），我们在小雨中踏上了位于峡湾南端的新奥勒松（Ny Ålesund）。新奥勒松的地理位置和异常脆弱的环境让它成为全球气候变化最敏感的"体温计"。在原有设施的基础上，挪威政府将这里发展成为专门的科学研究区域，禁止游客在此过夜或长时间逗留。

▲ 北极邮局

码头上的示意图使用了英语、挪威语和德语，有专门的向导前来指引大家参观。这个地方不大，散落着三四十栋简易房屋。"北极村"昔日曾是一处煤矿开采地，1962年的一起严重矿难终止了采矿历史。好在当地的基础设施远离第二次世界大战的炮火袭击，被完整地保留了下来。1964年，挪威政府在此设立卫星接收中心，成为第一个建立科研站的国家。此后，德国、日本、意大利、法国、荷兰、美国、韩国、印度等纷至沓来，迄今为止已经有十几个国家在此建立了极地研究站。中国首个北极科考站——黄河站于2004年建立。

新奥勒松虽然没有常住居民，但邮局、酒吧、小卖部、码头、机场一应俱全。只是酒吧和小卖部都是定期开放，展示新奥勒松历史的小博物馆也只有在邮轮到来时才开门。我在世界最北端的邮局买了邮票，盖了纪念邮戳，寄了一张明信片，不能免俗地做了大多数游客都会做的事。

中国黄河站所在的那栋二层小楼很好找，门口有石狮子的便是了。2004年7月28日是北极黄河站落成的日子，这是继南极长城站、中山站之后的第三座中国极地科考站。中国也成为第八个在斯匹次卑尔根岛建立北极科考站的国家。据说黄河站拥有全球极地科考中规模最大的空间物理观测点。2012年第一次造访时，我在门口拍照留念，正好遇见科考站的工作人员出来。聊起来后得知，这些科考人员都是短期过来工作，黄河站没有全年常驻人员。这一批来的是医学方面的研究人员，此外还有中国地质大学的学生。

临近中午，大家正要去吃饭。原来挪威政府不允许各个科考站自己开伙，由挪威国有的王湾公司统一负责向各国科考站提供食宿等后勤保障，一来方便各国工作人员集中精力从事科研，二来也可以有效管理，避免环境污染。于是，这座"大食堂"便成了世界各国科学家交流的好场所。由于北极地区的生态环境非常脆弱，一旦被破坏就很难恢复，挪威政府在新奥勒松实施了近乎苛刻的环保措施。这里的垃圾分类已经达到25种之多，剩饭剩菜就地掩埋，其余垃圾都要运回挪威本土进行处理。

不远处，两个科研人员正在湖边提取样本。盛夏时节，各种极地研究活动频繁展开。我

们被告知不可以随意触摸任何放置在野外的科考设备，不可以惊扰哺育期的鸟儿，要特别小心那些在地面上筑巢的鸟儿。一只剑鸻正在孵蛋，探险队员指挥大家绕行。成群的白颊黑雁浩浩荡荡地在水边集结，它们是这里最常见的鸟类。想不到斯瓦尔巴群岛有记录的鸟种竟多达 227 种，其中绝大多数是候鸟。

在这些鸟中，最需要提防的是北极燕鸥了。繁殖期的北极燕鸥极具攻击性，连北极熊都不畏惧。同伴一不小心闯入了它们的领地，于是鸟爸爸立刻升空"迎战"，俯冲下来啄他的头部。好在有帽子，否则给坚硬的喙啄一下还是挺疼的。不远处的海滩上，一只颜色几乎和沙滩一样的燕鸥雏鸟安静地站在水边，等着妈妈带回小鱼小虾。北极燕鸥具有十分神奇的迁徙本领，它在北极繁殖，到南极越冬；每年在两极之间往返，行程约 38000 千米，是世界上迁徙距离最长的鸟类。由于北极燕鸥总是在两极的夏天中度日，而两极夏天的太阳是不落的，因此，它被称为"地球上唯一永远生活在光明中的生物"。

小镇的中心矗立着挪威著名探险家阿蒙森的半身雕像，他面向北极点方向，目光严峻。新奥勒松见证了人类探险史上的不少奇迹。1926 年 5 月 11 日上午 8 时 50 分，挪威著名探险家阿蒙森、美国探险家爱尔斯沃斯和意大利的飞艇设计师诺比尔从这里出发，驾驶"诺加号"飞艇，经过 16 小时 40 分钟的飞行顺利降落在北极点。阿蒙森也因此成为人类历史上第一个既到过南极点又到过北极点的人。然而仅仅两年后，为了营救队友，阿蒙森再次从这里出发前往北极，却一去不复返。今天，探险时代虽已过去，但我们依然可以感受到当年探险家们的勇气和信念。无论在什么时代，这种精神都是需要的，也是最宝贵的人类财富。

我看着不远处的透明玻璃温室，里面生长着无土栽培的绿色蔬菜。在荒凉的新奥勒松，这抹绿意显得格外亲切。新奥勒松尽管在地理上与世隔绝，但它以多种方式与世界的其他地方联系在一起。"北极村"的居民们并不孤单，他们时刻向外界传送着关于极地的数据和信息。

中国北极科考站黄河站

斯瓦尔巴：勇闯"北极熊王国"

时　　间：2012 年 7 月、2015 年 7 月、2017 年 8 月
地　　点：斯匹次卑尔根岛（Spitsbergen Island）
关键词：北极熊

　　某年夏天，一头饥饿难耐的北极熊闯入新奥勒松的科考站，扫荡了地面上的鸟巢，偷吃了 200 多枚鸟蛋。耳闻不如亲眼所见，我从船上远远看到一头瘦弱的北极熊小心翼翼地走在艾克山陡峭的崖壁上，试图接近下面铺天盖地的厚嘴崖海鸦的巢穴。那一幕让人揪心，为海鸟，更为可怜的北极熊。

▼ 北极熊母子在冰面上嗅着下面海豹的气味，一岁的小北极熊正在跟母熊学习觅食

这些年，北极熊的日子愈发不好过了。

这种游走在风雪中、辗转于陆地和浮冰间的猛兽如果想要在极地存活下来，一年到头都离不开海冰的帮助。春季的海冰解冻和秋季的海冰封冻大致限定了北极熊捕猎、交配和繁殖后代的时间段。从 2012 年第一次赴北极到 2017 年这 5 年间，我亲眼见证了夏季海冰的融化速度大大加快。对于依赖海冰长途跋涉并以此作为平台捕食海豹的北极熊来说，后果是灾难性的。

斯匹次卑尔根岛西部多峡湾，大片的浮冰很少，偶尔会遇见在岸上活动的北极熊。第一次沿西海岸航行，仅在最后一天接近玛格达莱纳峡湾（Magdalenefjorden）时，我和一位西方观鸟爱好者从甲板上几乎同时发现了一头在山坡上睡觉的北极熊，距离非常远。由于看到北极熊的概率不高，这条航线第二年便被船方取消了。

然而这远远的一瞥，让我对 2015 年 7 月底的环斯匹次卑尔根岛航行格外期待。邮轮绕到岛的东岸，一路南下，开始进入浮冰密集区域，这里便是北极熊出现概率最高的地方。一块块浮冰悄无声息地从船前漂过，碾压浮冰时船身轻微晃动了几下，嘎吱作响。有人把浮冰称作"极地漫步者"，复杂的海流把"漫步者"的性情塑造得任性多变。这些宝贵的浮冰正是北极熊的理想捕食区，然而，它们会在哪里呢？

晚上我正在房间里休息，突然船上的广播响起："前方出现北极熊，请大家立刻前往甲板。"我抓起长焦镜头，披上外套，冲出房门。外面的天空依旧明亮，此时的北极正处于极昼。甲板上已经挤满了人。"熊在哪里？"大家急切地在冰面上搜寻着。300 米开外，在前方 1 点钟方向的冰面上，我看到了 3 个小小的身影。那是一头母熊带着两头小熊，它们在背后群山的衬托下显得如此渺小。突然出现的熊母子让午夜阳光下寂静的北极顿时鲜活起来。

▲ 小北极熊径直跑到我们的船下

船又缓缓向前开了 100 多米便停下来，按照极地航行的规定，遇见北极熊时不能靠得太近，以免干扰它们的生活。母熊谨慎地和我们保持着距离，带着孩子们在一处较大的浮冰上休息。它看上去有些疲倦，这头瘦弱的母熊在冰上躺下，打算睡一会儿。活泼的小熊围在母熊身边嬉戏，这是两头当年出生的北极熊幼崽，大约 6 个月大。它们在雪地上打滚，顽皮可爱，是天生的卖萌高手。北极熊的产期一般在

▲ 小北极熊在妈妈的鼓励下完成勇敢的一跃

11 月底至第二年的 1 月前后，通常会有两三个宝宝降生在母熊冬眠的巢穴里，一直待到春季来临。小家伙们刚降生时的体重只有 600 ~ 700 克，依靠母熊营养丰富的母乳，它们成长迅速，到春季和妈妈一起出窝的时候已经有 10 ~ 15 千克重了。小熊需要和母熊一起生活两三年才能独立，独立后的年轻北极熊要到五六岁才进入性成熟期。然而食物短缺和生境险恶，使得只有三分之一的小北极熊能活过两岁。

告别北极熊母子，第二天继续航行在浮冰海域。这一次，北极熊的出现更富有戏剧性。凌晨一点左右，我被广播叫醒。这次浮冰上又出现了一对北极熊母子，小熊应该有一岁了，看起来很健壮。它本来和妈妈趴在冰上休息，老远看见一艘大船过来，便好奇地抬头张望，然后站起来嗅着空气中的气味，接下来毫不犹豫地向我们的船跑过来。熊妈妈拦都拦不住，只能跟在顽皮的熊孩子后面。

小熊跑着跑着，突然停下了，原来它面前浮冰的间隙有些大。虽然北极熊是游泳健将，可以以 10 千米 / 小时的速度游几百千米，但小熊显然不想掉到水里，把毛弄湿了可不是件愉快的事。在小熊踌躇之时，熊妈妈及时赶到，那表情似乎在鼓励小熊。熊孩子终于鼓足勇气，纵身一跃，成功地跳到对面的浮冰上。小熊愉快地朝着邮轮跑过来，越来越近，一直跑到大船下面的浮冰上，甚至站起来和大家打招呼。看着近在咫尺的一脸憨萌的小北极熊，我恨不得跳下去拥抱它一下。

我惊讶地发现小熊吐出的舌头竟然是深蓝色的，原来它的舌头上密布着静脉血管。其实北极熊的皮肤也是黑色的，可以从它的鼻头、爪垫、嘴唇以及眼睛四周看出来。北极熊的毛并非纯白，而是透明的中空管，由于反射周围光线，看起来呈白色而已。北极熊的大爪子是天然的雪地靴，一身干净漂亮的厚厚长毛可以起到隔热作用。

母熊显然很不放心，一再催促小熊离开。小熊有些恋恋不舍，边走边回头。母熊显然更愿意多花些时间觅食，只见它不停地在冰上嗅着什么，应该是搜寻海豹的气味。北极熊的嗅觉非常灵敏，能闻到 1 米厚冰下海豹的气味。环斑海豹是北极熊的主要食物，北极熊也会捕食髯海豹、鞍纹海豹和冠海豹等。如果发现踪迹，北极熊通常会守在冰窟窿旁边，等海豹探出头来呼吸时，用熊掌击昏它。除此之外，北极熊连海象、海鸟、鱼类、小型哺乳动物都不放过，有时也吃腐肉。公熊的体重可达 700 千克，母熊也在 300 千克和 450 千克之间。

这次完美邂逅圆了我的北极熊之梦。两年后，第二次斯瓦尔巴群岛大环线航行时，我满心期待与它们再次相逢。然而，由于气温上升，海面上基本看不到浮冰。没有冰，就没有熊。再次来到壮观的艾克山（Alkefjellet）鸟岩前，这块高达百米的玄武岩是 10 万对厚嘴崖海鸦的家园。厚嘴崖海鸦是北半球数量最多的海鸟之一，它在悬崖峭壁上繁殖时所需的领地是所有鸟类中最小的：不到 1 平方米。

成千上万枚裸露在岩石上的鸟蛋往往成为北极狐的美食，然而这一次垂涎鸟蛋的换成了一头饥饿的北极熊。它出现在鸟岩上方的陡坡上，企图靠近，但又担心从雪坡上滑下去，于是只能谨慎地行走在边缘。眼看到嘴的美食吃不到，北极熊似乎有些不甘心。此刻两艘冲锋艇正在鸟岩前巡游，山顶上觅食的北极熊和山脚下欣赏美景的客人互相都看不到彼此。最后，北极熊决定放弃，消失在山坡后面。

斯瓦尔巴群岛最东边有座克维特岛（Kvitøya），意为"白岛"，因为岛上 99% 的面积为冰川所覆盖。这座小岛鲜有人类造访。1897 年的一次探险活动中，由于热气球结霜飞不起来，安德雷（Andrée）北极热气球探险队的 3 名队员用了两个月时间才返回白岛，可惜两周后全部死亡。这里也是北极熊经常出没的地方。2006 年，邮轮游客上岸后遭到北极熊袭击，探险队员在相距 10 米的地方打死了北极熊。我们在此登陆后，只发现了一具小北极熊的尸体，它应该死于疾病或者饥饿，瘦骨嶙峋，不忍目睹。

终于又回到了斯匹次卑尔根岛的东岸，但连续几日海面上都是大雾弥漫，浮冰消融。大家的心情犹如天气一样阴沉，北极熊继续以我们不愿看到的方式出现在视野里。抵达位于康斯峡湾（Kongsfjord）的奥西恩·萨斯山（Ossian Sarsfjellat），正准备登陆，探险队员前脚上岸勘察情况，后脚一头脏兮兮的北极熊就不知道从哪里冒出来。它径直走到探险队员留在岸上的登

▼ 北极熊在海冰上奔跑自如

陆包前，把头伸进去闻了闻，还咬了咬拴着冲锋艇的绳子。发现都不能吃后，它失望地离去了。看着这头瘦弱无力的北极熊消失在山后，我们一方面为岸上的探险队员担心，另一方面也很难过，失去了浮冰的夏季对于北极熊来说真的很难熬。

夏季，海冰融化后，这些大家伙要么游荡到其他有冰的地方，要么在陆地上生活，靠偷吃鸟蛋和找点浆果、植物的根茎勉强为生。在此期间，它们进食有限，体重急剧下降，直至冰冻期到来后才重新开始捕猎。在这次航行中，我们总共遇见了 6 头北极熊，它们基本都在陆地上活动。

回来后在做关于极地和生态摄影的讲座时，我经常把浮冰上的北极熊母子和在荒山中孤独地游荡的北极熊放在一起对比。作为北极地区食物链顶端的掠食者，它们是极地气候的指示标，也是文明世界带来的环境污染的最直接受害者。近年来的卫星数据表明，所有的"北极熊避难所"事实上都在衰退之中。当北极开始变暖时，北极熊的"生存寒冬"便来临了。一些气候模型显示，到本世纪中叶，北极的大部分地区或将无冰可寻，那时的北极熊将会何去何从呢？

海冰上的北极熊母子

斯瓦尔巴：北极狐的夏日盛宴 三趾鸥的梦魇时刻

时　间：2012 年 7 月、2015 年 7 月、2017 年 8 月
地　点：海雀山（Alkhornet）
　　　　沃尔德堡角（Kapp Waldburg）
　　　　奥西恩·萨斯山（Ossian Sarsfjellat）
关键词：北极狐、三趾鸥

　　夏季，一场北极狐的狂欢盛宴在鸟岩下展开。在这场博弈中，不幸落入狐口的三趾鸥雏鸟固然让人心疼，而嗷嗷待哺的小狐也惹人怜爱。生命此消彼长，维持着北极脆弱的生态链。

▼ 顽皮的北极狐兄弟叼起探险队员留在岸边的工具

斯瓦尔巴群岛的野生动物中，北极狐堪称完美地适应了极北之地生活的物种。它抵达这里的时间大概在一万年前最后一个冰期结束之时。如今，这种生命力顽强的哺乳动物遍布群岛各处，除了人类之外，它几乎没有什么天敌。

我一直以为北极狐应该是白色的，直到它出现在我的面前。2012年8月1日，一个晴朗的天气，邮轮在冰峡湾（Isfjorden）北部的海雀山（Alkhornet）附近停靠。登陆后，迎面看到一座巨大的岩石山，犹如巫师的尖顶帽子。面向大海的悬崖峭壁周围飞舞着无数海鸟。这里是北极常见的三趾鸥（Black-legged Kittiwake）的栖息地，因而得名海雀崖（Cliff Alkhornet）。

山下的绿色苔原上，一群驯鹿正在安静地吃草。远处山上白色的雪线和黑色的冰积陇构成了一幅水墨画，雪水融化成淙淙的小溪流淌在苔原上。我正沉醉在迷人的风光中，"那边有只北极狐。"一位热心的西方游客过来告诉我。我兴冲冲地走过去。"别再靠近了。"山顶的探险队员突然喊住了我。这时一个黄褐色的家伙从石头后面跳了出来，距离我不到2米，打了个照面，彼此都被吓了一跳。它愣了一下，迅速掉头向山坡上跑去。哈哈，原来北极狐在夏季脱掉了雪白的外套，换了个和苔原颜色接近的黄褐色"马甲"。银灰色的北极狐也很常见，它的面部和背部两侧过渡到腹部的毛呈灰白色。斯瓦尔巴群岛的北极狐绝大多数都随季节换毛，被称作"变色北极狐"（还有种不换毛的蓝狐）。几年后，我在冰岛见到一只换了一半冬装的北极狐，尚未完全脱落的白色皮毛犹如一件破皮袄。

极地的严寒气候让北极狐拥有一身细密的毛。据说气温下降到零下70摄氏度左右时，北极狐才开始发抖，其抗冻能力在狐类中最厉害。北极狐还是犬科动物之中唯一连脚底肉垫上都长毛的动物，这使得它行走在雪地上时不易深陷，奔跑在苔原上时不会打滑。为了减少散热，北极狐的身体轮廓浑圆，口、鼻、耳、腿均变得十分短小，让它看起来一副人畜无害的呆萌模样，其实却是小动物们的煞星。无力进攻驯鹿那样的大型食草动物，北极狐索性成为苔原上的机会主义者。夏季的鸟岩下，一定会有它执着的身影：捕捉雏鸟，捡食鸟蛋，或者在海边捞取软体动物充饥，甚至会跟在北极熊大哥后面捡个漏儿什么的，得心应手。到了秋天，它也会换换口味，在草丛中寻找浆果补充身体所需的维生素。

在2015年7月的那次航行中，我与北极狐的遭遇更有意思。沃尔德堡角（Kapp Waldburg）位于巴伦支岛（Barentsøya）的东南部，这里也有一处壮观的鸟岩。由于在陆地上，我们可以一直走到鸟岩跟前。成千上万的三趾鸥巢铺满了整整一面岩壁，嘈杂的鸟鸣很远便可以听到。这个季节雏鸟的个头已经不小了，它们挤在窄小的窝里不敢动弹，因为稍不留神就会掉下去。崖壁上十分混乱。

大家正在鸟岩下观赏着自然界的奇景，两只北极狐不知何时悄无声息地跑过来，顿时吸引了众人的注意力。北极狐大大方方地从我们面前跑过，直奔鸟岩而去。有一只干脆趴在鸟巢正下方，守株待兔，等待美食从天而降。很快，又有一只北极狐妈妈带着小狐加入觅食队伍。机

▲ 北极狐母子在鸟岩下觅食，抓到一只雏鸟

会来了，一只雏鸟不幸从窝里掉了下来，母狐立刻跑上前叼住。小狐跟着扑上去，从妈妈嘴里抢过食物。母狐眼中充满慈爱，好像在说："慢点吃，孩子，别噎着。"另一边，可怜的三趾鸥妈妈只能眼睁睁地看着雏鸟成为北极狐的盘中餐。小狐费劲地拽着雏鸟，躲到一个隐蔽处开始狼吞虎咽起来。吃得差不多了，它叼着半截尸体跑开了，只剩下一地的羽毛。这样的场景每天都在鸟岩下上演。夏季也是北极狐的繁殖季节，小狐一窝窝地出生，嗷嗷待哺，成年北极狐必须抓紧时间捕食。

在第三次航行中，我终于见到了漂亮的银狐。奥西恩·萨斯山（Ossian Sarsfjellat）是斯匹次卑尔根岛西北部的一处自然保护区。这次我与北极狐的相遇没有那么血腥。两只银灰色的小北极狐也就两个月左右大，长着一双乌溜溜的眼睛，非常可爱。探险队员放在地上的工具包让这兄弟俩很好奇，它们争抢起测量尺来。在长大之前，先好好享受下童年的快乐吧。据说斯瓦尔巴群岛上北极狐的幼狐在第一个冬季的死亡率高达 75%，北极狐的寿命通常不超过 15 岁。

除了自然法则，人类活动加大了它们的死亡率。几百年来，因为漂亮珍贵的毛皮，北极狐一直是猎人的目标之一。第二次来到海雀山，在距离海岸不远的山崖上，我看到了一座摇摇欲坠、仅剩几根木头支撑着的小屋。我记得上次来的时候它还很完整，那是早期挪威人在这个地区留下的几处逾冬捕猎的遗迹之一。在第一次世界大战期间，挪威的特隆姆瑟人卡尔·埃里森建造了这座木屋，1920 年将其出售给了一个叫希尔玛的猎人。猎人的到来结束了北极狐自由自在、无忧无虑的生活。

现在岛上的大部分猎人小屋都太破旧，根本不可能在里面越冬，只有两处条件还不错，位于伍德峡湾（Woodfjorden）东岸的穆沙纳（Mushamna）便是其中之一。这里是斯瓦尔巴群岛上少数几个依旧保存有猎人小屋的地方。1987 年挪威猎人、探险家克杰尔·雷达尔·霍夫斯鲁德修建的这座木屋功能齐全，有晒猎物毛皮的外屋、工作间，还有包括客厅、厨房和卧室的套房。1997 年，这座木屋被出售给了挪威政府，现在依旧在使用中，每年都会有持证的猎人向政府提出申请使用这里。斯瓦尔巴总督有权决定，不收任何费用，猎人们可以从 7 月底开始借用一年的时间。

如今的斯瓦尔巴群岛允许合法狩猎。在不影响种群生存的情况下，可以小范围狩猎的哺乳动物有 4 种：环斑海豹（2 到 3 月）、髯海豹（2 到 4 月）、北极狐（11 月到次年 3 月）和斯瓦尔巴群岛驯鹿（8 月中旬至 9 月）。不过，狩猎上述动物需要取得斯瓦尔巴总督颁发的许可证，还要交税。猎人们会在岸上或冰上狩猎，他们用传统的陷阱捕捉北极狐，也会打海豹、岩雷鸟、驯鹿等。和几百年前的捕猎获利相比，这些现代猎人多是出于兴趣和爱好。不管怎样，从大规模杀戮到有限度狩猎，人类对待自然的态度也算有了很大的进步。

沃尔德堡角壮观的鸟岩是数千只三趾鸥的家园

斯瓦尔巴：我很丑，但我有"象牙"

时　间：2012 年 7 月、2015 年 7 月、2017 年 8 月
地　点：姆芬岛（Moffen Island）
　　　　托雷尔角（Torellneset）
　　　　李角（Kapp Lee）
关键词：海象

"北极来客"的模样虽丑陋，但两根光洁的长牙让它们身价倍增，自古以来为人们所垂涎，也招致了不少杀身之祸。这就是海象，另一个北极"土著"。

▼ 岸边嬉戏的海象，这种北冰洋代表物种日益受到气候变暖的威胁

风雨中，邮轮向着位于北纬 80° 的姆芬岛（Moffen Island）驶去。灰蒙蒙的天空下，极昼也变成了暗夜，视野中出现了一座岛屿的轮廓，翻涌的浪花为它镶上一道白边。隐约可以看到岛上立着一个红色浮筒，那便是北纬 80° 的标志。1655 年，姆芬岛被荷兰图书发行商亨德里克·唐克尔第一次标注在地图上，这里距离极点只有 1000 千米了。

这个小岛的面积不过 9 平方千米。暴风季，海浪可以轻松侵入小岛的大部分地区，所到之处寸草不生，只留下冰冷的砾石。然而，小岛南部却有块被苔草覆盖的狭窄区域，那里几百年来被另一个大块头的北极"土著"——海象（Walrus）占据着，有数百头之多，从而成为斯瓦尔巴群岛上最大的海象聚居地。据说岸上到处散落着海象骨头，触目惊心，"海象坟场"由此得名。每年的 5 至 9 月间，包括稀有的叉尾鸥（Sabine's Gull）在内的海鸟会在岛上繁殖，300 米内不允许船只靠近，更严禁登陆。

风浪中的能见度太差，几乎无法辨别岛上的任何物体。等了许久，远处才游过来两头海象，很快又消失在黑乎乎的海水中。"天气不好，海象会不会都躲起来了？"我郁闷地问探险队员。"海象就生活在这样恶劣的天气中，它已经习惯了。"探险队员回答道。是啊，野生动物比人类更适应恶劣的气候。我抱憾离开，直到 3 年后的环斯瓦尔巴群岛航行时才有机会看清楚它的真面目。

东北地岛（Nordaustlandet）是斯瓦尔巴群岛中的第二大岛。我们在岛东南方向的托雷尔角（Torellneset）顺利登陆。再没有比在晴朗天气下看到一群挤在一起晒太阳的海象更令人开心的事了。20 多头海象扎堆在岸边，几十根洁白光滑的长牙横七竖八地排列着，在阳光下闪烁着诱人的光泽。这些大家伙体长达三四米，多褶的厚皮上长着稀疏的刚毛，瞪着一双红红的小眼睛，一副"酒色之徒"的模样。现在进入了繁殖期，雄性海象的皮肤上会出现疣状突起，看起来更加令人畏惧。

海象属于鳍脚亚目，"鳍脚"就是"像鳍一样的脚"。为了适应水中的生活，它的身体呈纺锤形，四肢已退化成鳍状，异乎寻常的短。成年雄性海象重达 1.7 吨，是体形第二大的鳍脚亚目动物，仅次于象海豹，连北极熊都不敢轻易招惹它。海象在岸上活动不太方便，靠后鳍足和象牙的共同作用匍匐前进。由于会用锋利的长牙将庞大的身躯拉出冰冷的海水，它的拉丁文学名 *Odobenus rosmarus* 意为"用牙齿走路的海马"。

海象是群居动物，两根象牙（其实是犬齿）看起来很碍事。我怀疑它们在岸上挤在一起或者在海中玩耍时会戳着对方。这些长牙可达 1 米，雌雄都有，既是武器又是工具。雄性凭借粗大的象牙确立自己在种群中的地位，拥有最长犬齿的雄性通常是海象群的霸主。如果有牙齿长度类似的雄性不服气，便会有一场搏斗。海象在水中的行动远比在岸上时敏捷得多，可以在汹涌的波涛中自如地游来游去，水面上仅露出圆脑袋和洁白的象牙。海象在海底觅食时，用左、右前鳍扇动海水、扒开淤泥、刨出贝类，用有弹性的嘴唇把贝壳包起来，用活塞般的舌头吸出贝肉。填饱肚子后，它再浮上来换气。一头海象据说一天可以吃掉上千只像蛤蜊这样的贝类。

在埃季岛（Edgeøya）西北端的李角（Kapp Lee），海象们慵懒地挤在一起睡觉。岸边有几头在戏水觅食，不时传来象牙碰在一起发出的"邦邦"声。为了不打扰它们，我们被告知要保持50米以上的距离。海象外形虽丑，但还算友善，只有受到骚扰时才会怒吼。

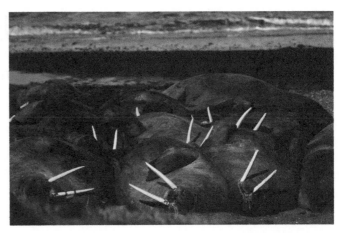

▲ 海象扎堆儿晒太阳

海象在自然界中的天敌是虎鲸和北极熊，然而最大的敌人还是人类。对于遵循传统生活方式的北方民族——因纽特人来说，海象浑身是宝。他们食用海象的肉，用它体内的油脂作为燃料，用海象皮制作屋顶、甲胄等，用象牙制作装饰物。好在北极地区的原住民人口少，猎杀规模通常不超过自身所需的范畴，不会对海象种群带来毁灭性的影响。直到商业贸易出现后，这些"来自北方的象牙"的价值才被人类意识到。中世纪初，欧洲人从非洲获取象牙的贸易途径被阻断，由于海象牙的质地和象牙很接近，维京人带来海象牙满足欧洲皇室的需求。

海象体内厚厚的脂肪正是捕鲸业者所需要的；海象皮结实耐用，足以让皮毛商人欢喜。群居习性使得人类易于捕杀它们，因为如果有同类受伤，其他海象必定前去帮助，猎人得以整群捕杀。从格陵兰岛到斯瓦尔巴群岛，从西伯利亚到阿拉斯加，大肆的捕猎让它们的数量从数百万头锐减到几十万头。北极海象曾一度广泛活动于北极圈内，现在仅存于格陵兰岛北部、白令海以及北冰洋中的一些范围不大的区域里。1952年，挪威将海象列入受保护物种，此时整个斯瓦尔巴群岛仅剩百余头雄性海象，雌性海象大多迁到了更北的区域繁殖，自那以后，数量才缓慢回升。今天，斯瓦尔巴群岛的海象种群好不容易恢复到4000头左右。然而在许多海滩上，被猎人随意丢弃的海象骨骸远远超过这个数字。

现在，海象又多了一个新威胁：气候变暖。夏季，冰层由于气候变暖而急速萎缩，原本漂浮在浅海的浮冰难觅其踪。海象的潜水能力不佳，若退到深水区的浮冰上栖息，它将面临无法觅食的困境。但浅海的滩涂对繁殖期的雌海象来说也绝非理想的产房——北极熊虽然无法捕食成年海象，对海象幼崽的生存却是重大威胁。越来越多的海象堆积在滩头，相互踩踏的风险也骤然增大。根据科学家们的监测，最近12年，北极海冰的面积创下历史最低纪录。"海冰危机"恐怕是所有极地动物目前面临的最大困境，海象的未来将愈发艰难。

斯瓦尔巴：诗一般的驯鹿荒原

时　　间：2012 年 7 月、2015 年 7 月、2017 年 8 月
地　　点：朗伊尔宾（Longyearbyen）
　　　　　海雀山（Alkhornet）
关键词：斯瓦尔巴群岛驯鹿

　　夏日的极地，冻原上生机勃勃，鲜花遍地。在风暴来临之前，那些看似柔弱的生命尽情地享受着短暂的充满阳光的日子，诉说着对造物主的爱意。强健灵动的驯鹿（斯瓦尔巴亚种）已经在这里生活了 5000 多年，它是北极植物生命轮回的最好见证者。

▼ 昔日猎人小屋

每次踏上斯瓦尔巴群岛，最先遇见的哺乳动物一定是驯鹿（Svalbard Reindeer）。它们数量众多，经常出现在朗伊尔宾小镇中心的草地上、公路两旁和山坡上，旁若无人地大口吃着草。只有在夏季囤积起大量的脂肪，驯鹿才能熬过艰难的寒冬。

登陆风景迷人的海雀山（Alkhornet），我坐在柔软的草地上，看着驯鹿来来往往。驯鹿体格健硕，强壮灵活的四肢和坚硬宽大的四蹄使它不仅可以在雪地上行进自如，还能从 1 米深的坚硬冰雪里刨出食物。雌、雄驯鹿的头顶都有角，由真皮骨化后穿出皮肤而形成，每年更换一次。枝状的犄角让它看起来格外威武。在登陆地经常见到一些自然脱落的鹿角，我还曾经见过一个完美的驯鹿头骨，鹿角长达 1 米。不过这里的一切都属于大自然，即使是动物骨头也不可以触碰和拿走。

斯瓦尔巴群岛驯鹿已经完美地适应了严酷的自然环境，练就了一套生存绝技。冬天来临后，它换上一身浓密的毛，中空的长毛中充满空气，不仅保暖，游泳时也可以增加浮力。春天一到，它便脱掉厚厚的冬装。某些极地动物可以使身体的主要部分保持正常体温，而四肢、尾鳍等尖端部分的温度则可以降低，例如海鸥双脚的温度只有 7 摄氏度左右。驯鹿也具有这种保持双重体温的特殊能力：小腿以下的温度比身体其他部位要低 10 摄氏度左右。这样一来，驯鹿既能减少体内热量的消耗，又能减少身体表面热量的散失，站在雪里也不会感到寒冷。

今天，斯瓦尔巴群岛驯鹿多达两万头，但在 20 世纪初因为过度捕猎而濒于灭绝。到了驯鹿的繁殖期，幼崽出生在辽阔的冻土苔原上。整个夏季，它们都在苔原上度过，冰雪消融后的土地上没有任何高大植物，以伏地而生的苔藓和地衣居多。好在岛上没有天敌，驯鹿可以尽情享受温暖的阳光和充足的食物。

行走在北极原野上，脚下厚厚的苔藓踩上去软绵绵的，像一层绿色绒毯。和南极大陆相比，北极简直就是一个大植物园。比如，南极的地衣有 400 种左右，苔藓为 75 种，仅有 4 种开花植物，还都生活在南极圈以外的南极半岛上。而在北极，仅地衣就多达 3000 多种，苔藓为 500 多种，各式各样的开花植物竟然有 900 种之多。

高寒地区的植物根系都不发达，一来地表 30 厘米以下便是坚如磐石的永久性冻土层，二来冬季漫长寒冷，夏季短促。在适合生长的季节，植物的根只能在这区区 30 厘米厚的泥土中伸展，在短短几十天之内必须完成生长、开花、结果这样一个生命周期。我很想知道它们如何蜷缩在疏松的积雪之下，在沉睡中度过漫长的白色冬天。即使到了夏季，平均温度也只有 5～8 摄氏度，而且风很大。绝大多数植物都是草本植物，紧贴地面匍匐生长，呈垫状或莲座状，以抵抗强风和严寒，照样生机勃勃。

在朗伊尔宾的道路两边，常见一种白色绒花，当地人俗称为"北极棉"（Arctic Cotton），学名为"北极羊胡子草"；花开时，一开一片，铺成雪白的绒毯。每个绒球里都包裹着种子，像蒲公英一样借助风力传播。7 月底到 8 月初正好是北极棉的盛花期。与北极地区的其他显花植

▲ 顶着巨大犄角的驯鹿曾经是猎人们的最爱

物一样，为了充分利用短暂的夏季，北极棉可以在两个月甚至一个半月的时间内完成开花、结果的生命周期。北极棉也早已融入北极原住民的生活，因纽特人食用它的地下茎和嫩茎，北欧人会用它果实上的白毛填充枕头。而我则喜欢看它在午夜阳光下摇曳的姿态。

登陆地的那些石头上布满了黄色斑点，乍看以为是锈迹，其实也是植物——北极地衣（Arctic Lichen）。风中摇曳着的北极罂粟（Arctic Poppy），柔弱的淡黄色花瓣呈杯形，向着太阳绽放，尽可能多地收集阳光。挪威虎耳草（Saxifraga）的根像触须，一碰到土壤就会立刻扎下根去，十几厘米长的纤细花茎上开出娇嫩的花朵，在寒风中毫不动摇。我最喜欢的无茎蝇子草（Moss Campion）是一种半球状植物，在盛花期时成为一个个花球，一簇簇、一丛丛，开在苔原上，紧贴着冰封大地，充满了对大地的爱恋。这种半球状形态是极地和高海拔地区植物为适应极端环境特化出来的，无论风从何方来，都不会把它吹倒。

这些多姿多彩的植物是极地生态系统的基础，为动物直接或间接地提供食物。有了它们，斯瓦尔巴群岛驯鹿种群才可以在这远离大陆的孤岛上坚持几千年。然而，2019 年夏季的一则新闻重新引起了人们的担忧。据挪威北极研究所的调查，气候变暖造成当地降雨增加，雨水落在雪上结冰，融化后又再度结冰，形成一层坚硬的冰层。因为难以挖开冰层摄取下面的植物，两百多头斯瓦尔巴群岛驯鹿被活活饿死。罪魁祸首又是气候，看来北极生命面临的真正挑战才刚刚开始。

夏日里，诗一般的驯鹿荒原上，每个物种背后都有着各自的精彩故事。看似柔弱的生命却蕴含着强大的能量，生命如此这般循环往复。没有人知道它们为何要选择寒冷，只知道这需要智慧、抗争和无比的勇气。

一副驯鹿头骨孤零零地躺在昔日猎人小屋的旁边

▲ 仙女木

▲ 北极罂粟

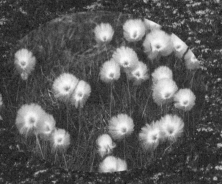

▲ 北极羊胡子草

苔原上的无茎蝇子草怒放着，极地植物
要利用短暂的夏季完成生命循环

斯瓦尔巴：世界尽头最美的风景暗藏危机

时　　间：2012 年 7 月、2015 年 7 月

地　　点：朱利布林冰川（Glacier of Fjortende Julibreen）
　　　　　摩纳哥冰川（Monacobreen Glacier）

关键词：冰川

极地风景中，冰川带给我的体验是多元化的，除了视觉上的享受，还有冰川徒步、冰川巡游。我甚至亲历了一次冰川遇险和救援。

▼ 斯瓦尔巴群岛上最迷人的摩纳哥冰川

第一次见到冰川时，我不知道这道风景在未来的 8 年中会成为我拍摄得最多的极地自然风光之一。极地的色彩是单调的，在一年中的一多半时间甚至是黑白的。然而，冰川可以带给你不同的蓝色。相对于乳白色的年轻冰川，古老冰川闪烁着的幽蓝更有味道，另外，还有夹杂着黑色沙砾的蓝冰，形成大理石般的奇妙纹路。毫无疑问，这是世界尽头最美的一道风景。

2012 年 7 月的一个早晨，阴雨连绵。邮轮驶入斯匹次卑尔根岛的康斯峡湾（Kongsfjord），停靠在朱利布卡峡湾（Bay of Fjortende Julibukta），面对着著名的 14 号冰川。这处典型山岳冰川的面积达 81 平方千米，最高处有 1200 米。巨大的冰舌向下延伸，形成一条硕大无比的凝固瀑布，又似一幅挂在天地之间的水墨画。我们甚至可以走到冰川脚下，3 千米宽的冰舌紧挨着山体。这是此次航行中唯一允许徒步的冰川，因为攀登难度低，不需要特别的装备，甚至六七十岁的老人都可以上去。

夏季，气温升高，不断有冰川崩塌。浮冰经过风、雨、潮流的影响，形成了各种奇幻冰雕，被海浪冲上来堆满了岸边。我被这些闪亮的结晶体迷住了，决定放弃冰川徒步，专注拍摄海滩上晶莹剔透的浮冰。远处海面上，鸥鸟的鸣叫打破了冰河世界的寂静。只见它们不停地钻入水中觅食，与冰川缠绵不休。原来在冰川入海的地方，寒冷的冰川融水与温暖的海水混合在一起，水流搅动，带出许多小鱼和浮游生物，吸引了大量海鸟。这些夏季在极地繁殖的鸟儿索性就在附近的山岩上筑巢，其中以三趾鸥、厚嘴崖海鸦和暴风鹱最多。粉脚雁则将巢安在了鸟岩下方的草地上。孵化期的鸟儿非常敏感，如果因为惊吓而离开巢穴，暴露在外的鸟蛋很容易落入北极狐的口中，因此探险队员提醒大家尽量避免靠近鸟岩。

喜爱航海、富有冒险精神的挪威人会在这个季节驾驶着船只来斯瓦尔巴群岛旅行。此刻，在巨大的蓝色冰幕下，一艘挂着挪威国旗的帆船轻轻划过。20 多只白颊黑雁列队从船边游过，轻快地跳上岸，摇摇摆摆地走向山崖。水面上接着又飞来一队白颊黑雁，落在帆船周围。这有趣的一幕吸引了我，然而，旁边的探险队员却皱了皱眉，担心地看着那艘帆船。"距离冰川太近了，他们的船体轻，这样很危险。"他说。此刻，帆船上的两个人谈笑风生，根本没有意识到两小时后即将发生的灾难。

我们回到大船上。晚餐时，海浪愈发猛烈。通过餐厅的落地玻璃窗向外看，海平面始终是倾斜的，这是我们出海以来所遇到的最大风浪。北冰洋一向风平浪静，偶尔才发一次威。就在这时，船上广播响起，传来探险队长的声音："刚收到海上的求救信号，14 号冰川附近的帆船遇到风浪被刮沉了，两名遇险者已经弃船登岸等待救援。"一时间，大家议论纷纷。说话间，邮轮已经启动，向出事海域驶去。众人为遇险者担忧，一小时后传来好消息，严重骨折的伤者最终由直升机直接送往朗伊尔宾的医院。我们这才调转方向继续航行。

第二天，进入斯匹次卑尔根岛西北部的利夫德峡湾（Liefdefjord）。利夫德峡湾附近便是著名的摩纳哥冰川，被誉为斯瓦尔巴最美的冰川。船方每到此地都会安排冲锋艇巡游。前一天

经历了海上风浪和救援落水人员，大家开始意识到看似风平浪静的北极隐藏着的凶险。

阴雨连绵，冲锋艇劈风斩浪，向着冰川驶去。接近冰川时，海面上的浮冰越来越多。小雨中，蓝色冰幕后面矗立着的王冠般的山峰逐渐显现；庞大的冰川犹如一堵巨墙，将山峰与大海隔开。摩纳哥冰川因 20 世纪 80 年代摩纳哥王子艾尔伯特二世来此地探险而得名。出于安全考虑，我们没有靠得太近。关掉发动机的冲锋艇漂浮在一个灰暗的世界里。雾气蒙蒙，美景都被抹杀在浓雾中。浮冰悄无声息地从我们面前漂过，我惊诧地看到中间竟然夹杂着黑冰，难道这里也有污染不成？我问探险队员，他的回答也并不是很肯定，或许是夏季融冰带来的尘土，又或许是洋流和气流携带来的沙尘等陆源物质。

时间仿佛静止了，天地间的能量却在其中酝酿。细微的"刺刺"声从蓝色冰川上传来，打破了静谧。冰块从巨大的冰幕上坠下，扑簌簌地落入海中。这世界尽头的美不光是用眼睛来看的，原来还有冰裂的美妙声音，足以激起我们狂热的心跳。风雨中，每个人冻得红扑扑的脸上都掩饰不住惊喜与激动。

3 年后，我重返摩纳哥冰川。这一次，云开雾散，万年冰川绽放出纯净的宝石蓝。终年积雪不断挤压而形成的这些结晶，是用任何华丽的辞藻都无法形容的。成百上千只鸥鸟争相飞舞，享用着冰川与海水交界处的丰富食物。我很庆幸见到过摩纳哥冰川的不同面孔：阴霾下被施了魔法般的诡异寒峻和阳光下的童话世界。

▼ 雾中的摩纳哥冰川犹如一幅水墨画

加拉帕戈斯：登陆"魔幻岛"

时　间：2018 年 3 月
地　点：厄瓜多尔的加拉帕戈斯群岛（Galapagos Islands，Ecuador）
关键词：达尔文、进化论

　　16 世纪，西班牙人在赤道附近的一些孤岛上发现了许多前所未见的巨大陆龟，于是将这个群岛取名为"加拉帕戈斯"，意为"龟岛"。那时他们尚不了解加拉帕戈斯群岛的生物演化这部历史长剧。

▼ 火山礁石上趴满了正在晒日光浴的海鬣蜥

在从厄瓜多尔首都基多（Quito）出发的飞机上，我打开来之前特意买的《鸟喙》一书，书中讲述了美国普林斯顿大学生物学家格兰特夫妇在加拉帕戈斯群岛的科学考察经历。他们对岛上的达尔文地雀（Darwin Finch）进行了几十年的研究，发现这种鸟随着环境和食物的变化呈现了一幅活生生的演化图，说明了自然选择既不少见又非极为缓慢的过程，而是随时随地都在发生。虽然我不是这方面的专家，但书中的内容浅显易懂，让我对即将踏上的目的地愈发好奇和憧憬。

舷窗外，一座锥形火山岛孤零零地矗立在茫茫大海上。我赶忙掏出相机，拍下了加拉帕戈斯群岛的第一张影像。灼热的岩浆从海底喷射而出，地壳隆起形成一座座火山岛，如群星般点缀在茫茫的大海上。遥远的南极寒流一路向北，来到这里和赤道暖流交汇。正是这富饶而又洋溢着生命力的大海维系着一个独特的生态圈。这些小岛之所以为世人所瞩目，是因为一位改变了人类对自然认识的生物学家——查尔斯·罗伯特·达尔文（Charles Robert Darwin）。

1835 年，年轻的达尔文乘坐"小猎犬号"（Beagle，又称为"比格尔号"）科学考察船登陆加拉帕戈斯群岛。一个多月的考察让他发现了一个有趣的"小世界"，也颠覆了他原本的信仰。《圣经》中描述的自然界是按照上帝制定的自然法则运转的和谐完美的世界，上帝创造的物种是不会发生变化的。但是，在加拉帕戈斯群岛上，海底喷发的火山烈焰创造了生命的独特演化过程。在因火山喷发而形成的 19 座岛屿上，本来同种的生物发生了异化。面对这些神奇动物，达尔文从此抛弃了上帝创造万物的传统观念。

飞机降落在巴尔特拉岛（Baltra Island）机场，这里距离加拉帕戈斯群岛中的第二大岛——圣克鲁斯岛（Isla Santa Cruz）不远。我终于踏上了这座活的"生物演化博物馆和陈列室"。岛上的入境检查比我去过的任何地方都要严格。因为是厄瓜多尔的特别保护区，为防止人们携带任何外来物种上岛，登机前要求旅客将所有行李全部打开进行检查，抵达后再次进行检查，还要交 100 美元登岛费。这些措施都非常必要，毕竟这里是独一无二的生态保护区。圣克鲁斯岛处于加拉帕戈斯群岛的中心，150 万年前火山的喷发形成了这个岛的格局，其面积为 986 平方千米。它也是人口最多的岛屿，常住人口有一万多人，大多从事旅游服务业。

▼ 空中俯瞰火山岛

▲ 岛上巨大的仙人掌见证了物种的演化过程

　　一出机舱门，热浪扑面而来，气温近 30 摄氏度。在接下来的一周中，我彻底领教了赤道阳光的毒辣。虽然地处赤道，但受秘鲁寒潮的影响，整个加拉帕戈斯群岛都干旱少雨。随着海拔升高、湿度增大，才能看到茂密的常绿林，更多的是苔藓和蕨类植物。达尔文初次见到当地植物时颇为惊讶，他说："看起来不像是赤道地区的植物，更像来自北极。唯一能庇荫的植物是金合欢树和形状怪异的大仙人掌。"180 多年过去了，这里的变化大吗？我带着疑问而来。

　　作为世界上物种最为独特的地区之一，加拉帕戈斯群岛早已成为生物学专家和爱好者的圣地，也改变了我们对地球生命的理解。除了达尔文地雀，其他物种（比如象龟）也同样表现出了显著的辐射适应性，即根据所在岛屿环境的不同演化出不同的亚种。这座"生命的实验场"是进化论的明证之一，达尔文后来提出了震惊世界的学说，解释了何为适者生存。他认为所有物种都是从少数共同的祖先演化而来的，生命此消彼长，大自然也在不断变化中。

　　让达尔文脑洞大开之地，同样也激发了摄影师的灵感。在第一大岛伊莎贝拉岛（Isabela Island）上，黄昏下的加拉帕戈斯火烈鸟、白沙滩上的海鬣蜥，我精心选择机位角度，力图呈现出它们独特的美。岩壁上的蓝脚鲣鸟迎着阳光，抬起那标志性的蓝色脚掌；海鬣蜥将下巴枕在礁石上，慵懒可爱；陆鬣蜥穿着不合身的肥大"外套"，谁说它们丑？加拉帕戈斯嘲鸫、大仙人掌地雀、大嘴蝇霸鹟，这些此地特有的鸟种纷纷以各种姿态出现在镜头中。

炙热的赤道阳光差点灼伤我的皮肤，行走在光秃秃的火山岛上，才知道来这里做研究是多么辛苦。和我们这些到此一游的旅行者不同，《鸟喙》的作者几十年如一日在如此艰苦的地方生活和考察。这个孤立的"小宇宙"中的演化故事，让追随者心甘情愿奉献一生去探索和发现。

站在火山熔岩流淌过的地方，我似乎望见生命之初的状态：因海底火山喷发而最先形成的岛屿仅仅是一堆死气沉沉的火山岩，山脉与大气层交互作用形成降雨，经过数万年的演变，雨水侵蚀玄武岩形成土壤，土壤的出现成为生命初现的信号；风将蕨类植物、苔藓以及地衣的孢子带到岛屿上，还有其他小型昆虫，然后是更多鸟儿的到来，这个小世界里的成员越来越多……

一次加拉帕戈斯群岛之行，让达尔文与上帝分手，开始孕育改变世界的进化论。亲历传奇之地，比我原来想象的更迷人，我愈发明白陆地、海洋、动植物、人类是一体的，缺一不可。你不可能在生物链顶端孤独地活着。

这里的独特物种很多，后面我将着重介绍加拉帕戈斯群岛的标志性物种——象龟和海鬣蜥。

▼ 大仙人掌地雀是喙最大的达尔文地雀之一，为加拉帕戈斯群岛特有鸟种

加拉帕戈斯：远古巨龟传奇

时　间：2018 年 3 月
地　点：查托象龟保护区（El Chato Tortoise Reserve）
　　　　达尔文研究中心（ Charles Darwin Research Station ）
关键词：加拉帕戈斯象龟

　　加拉帕戈斯象龟自从 400 多年前走进人们的视野，便和这个星球上许许多多濒危物种一样，因为人类的贪婪而陷入绝境。如今，科学家们一直在努力挽救剩余的象龟，甚至不惜代价让某些已经灭绝了的巨龟"死而复生"。这个过程比当年的大屠杀要困难得多。

▼ 加拉帕戈斯象龟的伊莎贝拉岛亚种

秘境寻踪

　　我的加拉帕戈斯群岛之旅从第二大岛——圣克鲁斯岛开始。一下飞机，我便直奔位于岛上高地的查托象龟保护区（El Chato Tortoise Reserve）。

　　草地上，一只五六十岁的加拉帕戈斯象龟（Galapagos Tortoise，下文简称加岛象龟）正在慢悠悠地吃草，几只达尔文地雀在一旁蹦蹦跳跳。我俯下身打量着这种史前巨龟。和塞舌尔群岛的亚达伯拉象龟相比，加岛象龟的体形更大，背壳上的花纹不明显，胆子也更小，有点风吹草动便把脖子缩进龟壳。看到地上落了不少番石榴，我捡起一个果子放到它的面前。象龟抵御不了诱惑，小心翼翼地伸出头来。这些生活在干旱环境中的素食主义者主要以仙人掌、水果、叶子和草为食，寿命可达 200 岁。这只象龟还算年轻。

　　加岛象龟似乎很喜欢泥坑，常常泡在里面，一方面是为了调节体温，另一方面是为了驱赶寄生虫。我们在路上遇到一对正在泥潭中交配的象龟，雄性的体形要比雌性大三分之一。象龟的交配期多在雨季，繁殖期则在雨水较少的时候。

　　象龟因为腿粗似象足而得名。爬行纲象龟属下现有 11 个种，其中加岛象龟的体形最大，也更为稀有。它们仅分布于加拉帕戈斯群岛的 9 座小岛上。不同岛屿的生态环境差异导致了不同象龟亚种的出现——产生了多达 15 个亚种（目前仅存 10 个亚种）。它们的区别之一便是龟壳的形状，其中圆形龟壳比较常见。圣克鲁斯高地的海拔在 800 米以上，这里植被丰富，食物相对容易获得。为了方便在低矮的灌木丛中爬行，圣克鲁斯岛亚种的龟壳以圆顶壳为主，脖子和四肢较短。

　　有的象龟亚种的龟壳向上拱，前缘似马鞍。这种马鞍形龟壳的象龟体形较小，往往来自海拔不到 500 米的岛屿，如西班牙岛（Española Island）。岛上的圆扇仙人掌本来贴伏在地面上生长，可是为了保护自己的花和果实不被陆鬣蜥吃掉，它挺直腰身不断地向高处伸展，结果长成了 10 多米高的巨大身形。就像要与自己的食物——圆扇仙人掌竞争似的，为了够到高大的仙人掌，象龟的脖子也越来越长，竟有半米。为了方便脖子往高处伸，龟壳的前端翘起。由于这种象龟独特的马鞍形龟壳，人们用两根木棍就可以将其夹走，造成具有这种特征的几个象龟亚种在 19 世纪被大量捕杀，两个亚种已经灭绝。

　　象龟的行动非常缓慢，每小时只能移动两三百米，毫无抵御能力。它们千万年来的安逸日子随着人类的到来而结束，只能束手就擒。达尔文初到这里时，加岛象龟的数量大约有 25 万只。不幸的是，18 至 19 世纪的捕鲸者及海盗经常捕捉象龟作为船上的肉类来源。据说象龟肉的味道鲜美，而且可以存放很久。在整个加拉帕戈斯群岛上，1996 年只剩下一万多只象龟了。

　　如今，这个群岛上设立了 3 处达尔文研究中心，主要任务之一就是开展象龟的繁殖和保护工作。象龟保育计划始于 1965 年，工作人员从筑巢地收集龟蛋，待幼龟成功孵出、长到四五岁后再将其放归它们的家乡。为此，加拉帕戈斯国家公园系统清除了岛屿上破坏植被的山羊，成功地将 7 个曾濒临灭绝的象龟亚种的濒危程度降到危险较低的数量水平。种群恢复最显著和有效的是西班牙岛亚种，从灭绝的边缘被拉了回来。最初这里只有 3 只雄龟和 12 只雌龟，由于分散生活，没有发生野外交配。圣克鲁斯岛的达尔文研究中心圈养了这仅存的 15 只象龟，1971 年开始开展繁殖计划，在随后的 33 年中自然繁殖到 1200 多只。名叫迭戈（Diego）的雄性西班牙岛象龟便是一个"英雄父亲"，它的后代就有 800 多只。这些象龟被全部放归原岛。

扫码观看

交配中的加拉帕戈斯象龟

　　在伊莎贝拉岛上的达尔文研究中心，我们见到了更多的鞍背象龟。100 多年前，水手们没有到达伊莎贝拉岛北部的火山，使得那里的象龟亚种得以幸存下来。为了让象龟们有家的感觉，圈养池的地面不是水泥地，而是沙土或者泥地，尽量接近原生地的土壤环境。不同年龄段的象龟被分开圈养。

　　"你听说过'孤独的乔治'吗？"向导问我。哦，那可是一只名龟，前几年曾被媒体广泛报道。"孤独的乔治"自 1971 年被发现到 2012 年确认死亡为止，被认为是平塔岛（Pinta Island）象龟亚种中已知的最后一个活体。它被认为是世界上最稀有的动物，也是加拉帕戈斯群岛乃至全球物种保护的象征之一。可惜国家公园多次努力让它与近亲龟种的雌龟交配，都以失败告终，没有留下任何后代。

　　如今，"孤独的乔治"的标本被安放在达尔文研究中心的冷气室里。平塔龟的命运就此落下帷幕了吗？不，生物学家正试图将与它基因接近的西班牙岛象龟的后代运到平塔岛上，希望有朝一日可以演化出平塔龟，或许要到几万年以后吧。

　　象龟这种古老的物种在生物大灭绝事件中存活了下来，也度过了陨石撞击地球的大灾难，人类却亲手将它送上了濒危物种名单。地球内部的地质运动孕育了神秘的岛屿，这支水与火的交响曲至今仍在鸣奏。岛上你追我赶、你死我活的生存竞争永远不会落幕，只是现在多了人为的因素。

附:《濒危野生动植物物种国际贸易公约》（CITES）附录

　　根据《濒危野生动植物物种国际贸易公约》，加拉帕戈斯象龟被列入严禁交易的附录一。这个国际贸易公约的目的是确保野生动植物贸易不会危及它们的生存。附录一中的物种为若再进行国际贸易便会导致灭绝的动植物，公约明确规定禁止国际性交易。附录二中的物种为目前无灭绝危机而其国际贸易仍受管制的物种，附录三规定了各国视其国内需要而进行区域性国际贸易管制的物种。

加拉帕戈斯：回到侏罗纪

时　间：2018 年 3 月
地　点：鲨鱼岛（Las Tintoreras Island）
　　　　伊莎贝拉岛（Isabela Island）
　　　　北西摩岛（North Seymour Island）
关键词：海鬣蜥、陆鬣蜥

　　我趴在地上，试图寻找一个足以表现"哥斯拉"威猛高大形象的角度。模特纹丝不动，昂头矗立。我好不容易拍完刚打算起身，它突然鼻中抽动，一股盐水从鼻孔上方的盐腺径直向我喷出，喷了个正着。

▼ 威风凛凛的海鬣蜥颇有龙的风范

在高冷范儿的加拉帕戈斯群岛，珍禽异兽们的登场却极具亲和力。码头长椅上赫然躺着一头酣睡的加拉帕戈斯海狮，大名鼎鼎的海鬣蜥（Galapagos Marine Iguana）公然现身于酒店餐厅的露台上，在鱼市里用手机就可以拍到稀有的岩鸥。神奇动物就在身边，而人类是过客，这里是它们的家园。

▲ 海鬣蜥兄弟

在加拉帕戈斯群岛这样的地方，每个岛上都有特殊的小环境。乘坐邮轮可以抵达更多偏僻遥远的小岛，住在岛上则只能进行跳岛游了。今天跳岛游的目的地是鲨鱼岛（Las Tintoreras Island）。这片光秃秃的岛礁上栖息着加拉帕戈斯群岛特有物种海鬣蜥，据说运气好时还可以看到白尖鲨从狭窄的水道中游过。

从登岛的那一刻起，大家必须小心翼翼地穿行在满地的海鬣蜥中间。尽管如此，我还是差点踩到一条海鬣蜥的尾巴。这家伙的伪装技术太厉害了，几乎与礁石融为一体。海鬣蜥们如石雕般一动不动地趴在礁石上，这种冷血动物正在从赤道的阳光中吸收热量等待体温升高，以便再次回到冰冷的海水中觅食。成年海鬣蜥加上尾巴后约有 1 米长，体重为 10 ~ 12 千克；几百只聚在一起，还真有回到侏罗纪的感觉。

说实话，这种从史前时代穿越而来的奇特生物的外貌让人感觉不太舒服。它的皮肤上密布着瘤状物，背脊长着刺，还真有点龙的感觉。日本科幻片《哥斯拉》中的主角就是以它为原型。海鬣蜥头顶的瘤状突起很醒目，在鼻孔与眼睛之间有一个盐腺，能把海鬣蜥进食时带进的盐分储存起来。当盐腺被装满后，海鬣蜥就高高地昂起头，打个大大的喷嚏，将含盐的液体射向空中。这些液体又会落在它自己的头上，等盐液变干固结成壳时，就成了一顶"小白帽"。

鬣蜥，从字面上看，是指有棘鬣的蜥蜴。鬣蜥主要生活在美洲、马达加斯加、斐济和汤加等地，其中加拉帕戈斯群岛的海鬣蜥和陆鬣蜥最为有名。海鬣蜥是世界上唯一能在海里活动的鬣蜥，和鱼儿一样灵活，可以自由自在地游弋和觅食。别看外表吓人，它可是不折不扣的素食主义者，以海藻及其他水生植物为食。为了吃到冷水中的海藻，这种游泳高手可以屏气轻松潜入水下 30 米。然而，由于加拉帕戈斯群岛周边为寒潮区，潜水 10 分钟就够它受的了。海鬣蜥会趁着身体还没有完全冰冷，拼命游回岸边。每次下海对它来说都是一项艰难的挑战。

我特地给了海鬣蜥的爪子一个大大的特写。依靠异常锋利的钩状爪子，海鬣蜥不仅能牢牢地攀附在岸边的岩石上，不被大浪卷走，还能在有大海流的海底稳稳当当地爬来爬去，寻找食

物。再看海鬣蜥的尾巴，其长度几乎等于躯干的两倍。海鬣蜥是由陆鬣蜥演化而来的，千万年以前它们的祖先遭受了意外的洪灾，附在植物上漂洋过海来到了寸草不生的荒凉群岛。岛上食物稀少，为了生存它们只能下海寻找食物。在漫长的演化过程中，海鬣蜥的体态发生了一系列变化，最明显的地方是尾巴比陆鬣蜥的长得多，游泳时能够提供足够的动力。

海鬣蜥最大的天敌来自空中，军舰鸟和加岛鵟都会捕食海鬣蜥的幼体。难怪头顶盘旋着这么多军舰鸟，它们不断俯冲下来骚扰海鬣蜥。然而海鬣蜥有种特别的本领，会偷听其他动物的警报，从而在军舰鸟和加岛鵟到来之前逃之夭夭。这也是科学家首次发现一种哑巴动物会对其他物种的叫声产生反应，不知道是否也是后天演化出的能力。

虽然每个岛上的海鬣蜥看起来都长得差不多，实际上却分为 7 个亚种。位于群岛东南部的西班牙岛上的海鬣蜥最漂亮，雄性海鬣蜥身上红、黄、黑三色相间，腿、足和冠则呈暗绿色。在莫斯克拉岛（Mosquera Island），我见到了身体呈部分红色的海鬣蜥。这座小小的沙滩岛位于巴尔特拉岛（Baltra Island）与北西摩岛之间，也是象龟青睐的产卵地。我走进齐腰深的水中拍摄，礁石上一只身体呈部分红色的海鬣蜥出现在镜头中。很快，礁石上又出现了几只同样颜色的海鬣蜥。原来这些是进入交配期的成年雄性海鬣蜥，在求偶期它们的身体颜色会更鲜艳。

初见海鬣蜥，因为它恐怖的外表我曾经心生厌恶。相处久了，你会发现这些相貌怪异的史前家伙性情很温顺，在岸上行动缓慢，喜欢扎堆取暖。我来到伊莎贝拉岛上的一处风景优美的海湾，一只海鬣蜥正趴在礁石上享受着日光浴。我很虔诚地蹲在它的脚下找机位，直到它"噗噗噗"地从鼻孔中往外喷盐水，溅了我一身，算是它送给辛勤工作的摄影师的见面礼，好在我已经喜欢上了它。一只刚上岸的胖乎乎的海鬣蜥嘴边还有海草，吐着粉色舌头向我爬过来。打盹、晒太阳、做鬼脸，我很认真地记录下它们的呆萌日常。

看过海鬣蜥，再来看陆鬣蜥（Galapagos Land Iguana），你一定感觉它很惊艳，简直就是海鬣蜥的彩色版，只是这件漂亮的"外套"过于肥大。这个呆萌的家伙张开大嘴巴吃仙人掌花朵的场景有种莫名的喜感。

▲陆鬣蜥

在北西摩岛上，高大的仙人掌恐怕是这里唯一可以遮阳庇荫的植物了。大仙人掌的阴影下，一只身长达 1 米多的陆鬣蜥一动不动地趴着。陆鬣蜥是美洲鬣蜥科中的一个属。人们普遍认为海鬣蜥由陆鬣蜥演化而来，达尔文认为两者之间不能混种，因为它们长期栖息在不同的地方，已经各自演化出适应不

同环境的习性，无法交配。作为本地演化出
的特有种群，陆鬣蜥分布在加拉帕戈斯群岛
的 6 个岛上：费尔南迪纳岛、圣克鲁斯岛、伊
莎贝拉岛、北西摩岛、巴尔特拉岛和南广场
岛。人们最后干脆用整个群岛的名字将其命
名为"加拉帕戈斯陆鬣蜥"。

陆鬣蜥生活的环境非常干旱，只能以大
仙人掌掉落的叶片为食，从中获取身体所需
的水分。仙人掌的果实、花、茎甚至尖刺构

▲ 礁石上的雄性海鬣蜥

成了陆鬣蜥 80% 的食物。加拉帕戈斯陆鬣蜥的体长可达 90 ~ 110 厘米，重达 10 ~ 13 千克，
各个岛屿上的陆鬣蜥差异并不明显，但成熟期与寿命不太相同。幼体需要 8 ~ 15 年成年，寿
命则可以达到 50 ~ 60 岁。与海鬣蜥的生境相比，陆鬣蜥的天敌似乎没有那么多，用不着冒着
被冻僵的危险潜到海底，再乘风破浪、历经艰难爬回到礁石上，也不用担心海边的加岛鵟和军
舰鸟的袭击。陆鬣蜥长期生活在安逸的岛内，极少来到沿海，没有演化出任何躲避敌害的能力，
结果便只会吃饭和睡觉了。

然而，人类带上岛的家畜直接威胁到了它的生存，导致圣地亚哥岛（Santiago Island）和巴
尔特拉岛上的陆鬣蜥彻底绝迹，费尔南迪纳岛与伊莎贝拉岛上的陆鬣蜥也岌岌可危。北西摩岛
上原本没有陆鬣蜥，20 世纪 30 年代研究人员威廉姆·鲁道夫·赫斯特从巴尔特拉岛带着一批陆
鬣蜥来到北西摩岛进行繁育。它们很争气地在这里扎下了根，还成了当地达尔文研究中心的保
留品系。生态保护机构将它们作为基础种群，正在重新引入到陆鬣蜥已经绝迹的那些小岛上。

还有一种更为鲜艳和美丽的粉红陆鬣蜥（Galapagos Pink Land Iguana），伊莎贝拉岛北端
的沃尔夫火山（Volcano Wolf）是其唯一的栖息地。它第一次被人类发现是在 1986 年。2009
年意大利和厄瓜多尔的科学家分析了来自 36 只粉红陆鬣蜥的血液样本，发现其基因排序不同
于岛上的黄色陆鬣蜥。这表明它和黄色陆鬣蜥在大约 5700 万年前分道扬镳，粉红陆鬣蜥是一
个全新的物种。

在大洋中的孤岛上，与哺乳动物相比，爬行动物似乎能更好地适应海上多盐高温的环境，
这也可以解释加拉帕戈斯群岛上为何只有 6 种哺乳动物，其中包括加拉帕戈斯群岛海豹和海狮。
海洋动物（包括海狮、海龟和企鹅的祖先）可以游到加拉帕戈斯群岛上，而岛上的其他爬行动
物和小型哺乳动物（比如田鼠）则需要搭乘植物形成的"筏子"漂游到此。

时光流逝，回到远古时代，海鬣蜥和陆鬣蜥的共同祖先肯定想不到，流落孤岛后的生活竟
然是这个样子。

海鬣蜥正在从赤道的阳光中吸收热量，以便再次回到冰冷的海水中觅食

塞舌尔：见证幸福"龟生"

时　间：2014 年 5 月
地　点：库瑞尔岛（Curieuse Island）
关键词：亚达伯拉象龟

　　亚达伯拉象龟，这种差点上了灭绝名单的巨型陆龟（世界第二大），如今作为塞舌尔群岛最有名的"土著"被严格保护起来，是世界上第一个受国际公约保护的陆龟种群，从此开启了幸福"龟生"。

▼ 库瑞尔岛上的野生亚达伯拉象龟

在见到亚达伯拉象龟（Aldabra Tortoise）之前，我很少关注两栖爬行动物。自从 2011 年第一次在毛里求斯的保育中心见到巨龟，我就立刻喜欢上了这个友善温顺的大家伙。回来后，朋友的孩子特地借我的照片去制作了一件 T 恤，我才知道这种体形巨大的陆龟在中国龟迷中颇有人缘，被昵称为"亚达"。它的家乡在遥远的印度洋上的岛国塞舌尔，亚达伯拉环礁（Aldabra Atoll）是世界第二大珊瑚环礁，竟然栖息着多达 10 万只野生象龟。

2014 年，我在塞舌尔旅行，经过多方打听，得知如果没有提前预约，作为普通游客是无法登陆亚达伯拉环礁的。为了保护当地脆弱的生态环境，自 20 世纪 80 年代至今，环礁的管理方——塞舌尔群岛基金会（Seychelles Island Foundation，SIF）规定，除了科学家和工作人员外，每年只有事先获得许可的游客才能在 SIF 工作人员的陪同下进入环礁游览。看来前往象龟的原生地不太现实。

好在这种象龟很适应人工环境，塞舌尔的其他岛屿很早就引入了野生亚达伯拉象龟进行人工饲养，取得了成功。不过分布在各个岛上的象龟大多都是圈养的，我想看野外栖息的象龟，塞舌尔旅游局推荐了库瑞尔岛（Curieuse Island），那里的野生象龟数量仅次于亚达伯拉环礁。岛上目前只有 7 户居民，他们与象龟和平共处，生态环境非常好。

"天使之旅号"游艇载着我们从塞舌尔第二大岛普拉兰岛（Praslin Island）出发。一小时后，前方出现一片雪白的沙滩，库瑞尔岛到了。刚上岸，我一眼便看到一只亚达伯拉象龟慢悠悠地走在细白的沙滩上，它的同伴们都躲在不远处的树荫下乘凉。"那是乔迪，它喜欢在海滩上巡视，看看有什么新鲜玩意儿。"工作人员告诉我。于是，我跳下船上前和它打了个招呼。这是一只年轻的象龟，四肢粗壮，颈部很长，皮肤呈深灰色，半圆形甲壳上的花纹清晰漂亮。它用一双明亮的圆眼睛打量着我，一看就是个聪明的家伙。

如何判断象龟的雌雄？一个重要标准是腹甲是否凹陷。向导拿出象龟最爱吃的一种叶子，乔迪立刻伸长脖子，用又粗又壮的后腿托起身体。这个 1 米多长、体重起码 100 千克的大家伙竟然站了起来。这时可以清楚地看到它的腹甲明显凹陷，这是一只雄龟，雌龟的腹甲平坦。象龟在交配时，雄性略为凹陷的腹甲刚

▶ 正在交配的亚达伯拉象龟

扫码观看

▲ 亚达伯拉象龟

好可以卡住雌龟突起的背壳，避免交配时雄龟从雌龟壳上滑落。我们很快便目睹了一场交配仪式，听到它们发出巨大的叫声。每年 2 到 5 月是象龟的繁殖期，雌龟一年能产多窝卵。

亚达伯拉象龟的块头儿仅次于加拉帕戈斯象龟，是地球上最长寿的动物之一。它的性情似乎比后者更活泼。一只亚达伯拉象龟敏捷地迈过高高的栅栏，爬起来还真不慢。"龟速"对它来说还真是一种侮辱。好在岛上的象龟都被编了号，有研究人员专门看护，不用担心它们跑丢了。

岛上椰林茂盛，气候潮湿炎热。亚达伯拉象龟口渴时甚至会爬行几千米寻觅水源，喝水时会将大量的水储藏在膀胱内。过去，当地人缺水时常常将象龟膀胱内的水放出饮用，以解干渴之急。为适应热带气候，象龟还演化出一个会吸水的鼻子。旱季，即使长时间缺水，它也能存活。一旦雨季来临，岩石表面上的小坑内积满水，这时象龟就从遮荫的树下出来，用鼻子吸岩石裂缝中的水痛饮一番。

曾几何时，印度洋群岛上游荡着 18 种象龟。它们体形较小的祖先最早栖息在内陆，一个偶然的机会，部分陆龟漂洋过海，流落在各个小岛上。这些旧大陆的象龟成为这里的主人。1708 年的一本航海日记里曾这样记载："夜幕下，岛上的象龟开始在海滩上、马路上成群结队地聚集在一起，一个紧挨一个，密密麻麻，就像铺在地上的鹅卵石一样。"由于没有天敌，象龟也就不用担心体形过大暴露目标。经过千万年的演化，象龟逐渐发展出巨大的身躯。这种优哉游哉的日子，直到大航海时代的来临才戛然终止。

16 世纪，欧洲船员到来后，发现这些巨龟是肉质鲜美又易于储存的食物。船只经过印度洋岛屿时船员都会装上大量巨龟以备航行中食用。尤其是 18 和 19 世纪，人类的野蛮捕杀导致象龟大量死亡。到了 1840 年，印度洋上最后的象龟仅存于亚达伯拉环礁，多亏环礁位置偏僻，上面也没有淡水，无人居住。如今的亚达伯拉环礁是一个被巨龟统治的"史前世界"，是地球上唯一由爬行动物所主宰的大型生态系统，于 1976 年建立了自然保护区，1982 年被列入世界自然遗产名录。

象龟对于塞舌尔人的重要性，可以从传统习俗中看出来。过去，每当有婴儿出生时，这个家庭就会收养一只小象龟，让它和婴儿一同成长，以求长命百岁。塞舌尔有记载的最年长的象龟至今还在岛上悠闲漫步，每天心安理得地接受游客的敬意。它完全有理由这样做，因为 200 余岁的它几乎和塞舌尔的历史同龄。象龟的形象甚至出现在塞舌尔的货币上。

海滩上正在举行一场婚礼，乔迪这个"证婚人"没少捣乱，试图阻止工作人员布置花环，甚至还想偷吃两朵花，于是大家只好用叶子引开它。婚礼开始了，新人在巨龟的见证下永结同好。踌躇满志的象龟，沉浸在爱河中的新人，场面十分感人。象龟为我们带来美好的祝福，人类同样应该守护好它的家园。

幸福的亚达伯拉象龟，愿你在塞舌尔无忧无虑地生活下去！

海滩上见证了一对新人婚礼
的亚达伯拉象龟

印度尼西亚：科莫多"寻龙记"

时　　间：2019 年 12 月
地　　点：科莫多国家公园（Komodo National Park）
关键词：科莫多巨蜥

　　二三十米开外，一只身长达 2 米多的雌性科莫多巨蜥迎面走来，霸气十足。它边走边吐出分叉的舌头，行进速度相当快，拍了几张照片后，我就得起身后退。虽然有向导手持木叉守护在我的身边，但近距离拍摄这种危险的食腐动物可不是一件轻松的活儿。

▼　正在饮水的科莫多巨蜥

　　2019 年底，因担心科莫多岛在次年关闭，我临时决定前往印度尼西亚（以下简称印尼）。从巴厘岛起飞一小时后，飞机降落在印尼的小巽他群岛（Lesser Sunda Islands，又名努沙登加拉群岛）中面积最大的弗洛雷斯岛（Flores Island）。1991 年被列入世界自然遗产名录的科莫多国家公园由 3 座大岛［科莫多岛（Komodo Island）、巴达尔岛（Padar Island）和林卡岛（Rinca Island）］以及附近的 26 座小岛组成。由于位于亚洲和大洋洲两个大陆板块的交界处，这些火山岛构成了澳大利亚和巽他生态系统、华莱士线生物地理区内的"碎石带"，其中的 5 座岛屿（科莫多岛、林卡岛、弗洛雷斯岛、莫唐岛和达萨米岛）正是一种濒危特有物种——科莫多巨蜥（Komodo Dragon）的家园。

　　在自然长河中，远古爬行生物经过千万年时间往往演化出众多分支。被世人敬畏地称为"科莫多龙"的巨蜥穿越时空而来，成为地球上现存的体形最大、最强壮的蜥蜴。据说它的祖先是中生代海洋中的顶级掠食者沧龙，出现在白垩纪中晚期，和恐龙同时代灭绝。当踏上科莫多岛时，我第一眼见到在树荫下休息的两只成年雄性巨蜥，便仿佛看到了恐龙的影子，虽然两者没有任何关系。巨蜥黑褐色的粗厚皮肤上隆起密密的疙瘩，头部扁平、巨大。除了锋利无比的钩状爪子，巨蜥还有一条粗壮有力的长尾，占了近 3 米身长的一半，挥动起来一定威力无比。这些仿佛从《侏罗纪公园》走来的厉害角色被当地人称作"Oras"，意为"陆地鳄鱼"。

　　1910 年，当时的印尼还是荷兰的殖民地，一些荷兰水手最早注意到了岛上的这些怪兽，将其报告给弗洛雷斯岛的荷兰殖民地长官汉斯布鲁克。他颇感兴趣，决定一探究竟，于是便带着一队全副武装、训练有素的水手勇登无名岛，对传说中的怪兽进行人类有史以来的第一次考察，杀死了一只体长达 2 米的巨蜥。随行的爪哇岛茂物动物博物馆馆长、荷兰博物学家彼得·欧文斯为其拍照留档。这是第一份关于巨蜥的资料。为了得到更多的标本，后来欧文斯又雇佣了一名出色的猎人，上岛杀死了两只体长超过 3 米的巨蜥，活捉了两只体长不到 1 米的小巨蜥。1912 年，他首次撰写了关于科莫多巨蜥的报告，认定这是种尚不为人知的古老蜥蜴。这个神秘的物种从此出现在人们的视野中。意识到它的珍贵与濒危状态后，1915 年荷兰政府颁布条令保护这些巨蜥。从发现到保护，不过用了 5 年时间。从这个角度看，荷兰人做了件好事。

　　正午，炙热的阳光下，科莫多巨蜥懒洋洋地趴在阴凉处。虽地处赤道附近，岛上却没有茂密的热带雨林，而是干燥的不毛之地。稀疏的树木、干旱的丘壑谷地、低矮多刺的荆棘灌木，与不远处的蔚蓝色海岸和白色沙滩形成鲜明对比。1.3 亿年前，这些海底火山喷发形成的岛屿与世隔绝，岛上缺少大型食肉动物，为远古巨蜥的后代保留下它们在地球上的最后一处居所。

　　第二天一早，我又乘船来到附近的林卡岛，岛上的洛布阿雅国家公园（Lon Buaya National Park）的生态环境更加多样化：山丘连绵起伏，地形多变，岸边还有茂密的红树林。通往公园管理处的路边，一大一小两只招潮蟹挥舞着钳子在泥洞里进进出出，几头帝汶鹿（Timor Deer）悠闲地趴在树下，偶尔还能看到野猪跑过。公园管理处的几栋高脚屋是供向导们住的，

被架高的房子下面竟然趴着不少科莫多巨蜥。巨蜥们来来往往，它们早已习惯了与人类和平相处。

向导塞弗纽斯已经在这里工作了10年。这个30多岁的黑黑瘦瘦的年轻人拿着一根木叉，带我来到几只巨蜥跟前。他说："这些都是成年巨蜥，雄性的颜色更深，体长可达3米，雌性只有2米左右。""为什么巨蜥都聚在管理处周围？你们会喂食吗？"我问道。塞弗纽斯摆摆手，10多年前国家公园就禁止投喂了，因为这样会影响它们的自然习性。巨蜥的视力很弱，但是嗅觉和听觉非常发达。这里有一个小水池，另外厨房的味道也会吸引它们过来。今天早上送来不少鱼，是向导们的午餐。巨蜥们纷纷前来"闻味儿"。一想到它们眼巴巴地等在这里，只能闻闻，我不由得生出几分同情。

塞弗纽斯指着房顶，示意我上面有只小巨蜥。这只一岁半左右的小巨蜥颜色鲜艳，身体呈棕黄色、黑色和墨绿色，布满斑点。只见它从房顶上溜下来，快速游走到树下，然后敏捷地爬到树上，用长舌头在树洞里探寻着。"它在找藏在树洞里的小动物，比如老鼠、昆虫等。"塞弗纽斯看到我疑惑的目光后解释道，"科莫多巨蜥会同类相残，成年巨蜥太笨重无法爬树。于是，小巨蜥为了生存，防止被六亲不认的长辈吃掉，它们从一出生便开始在树上生活，以昆虫、鸟类和小型哺乳动物为食。这种树栖生活要到4岁左右才结束。"得知雌性巨蜥甚至会吃掉自己的孩子，我吓了一跳，果然是"冷血动物"。

为了拍摄到低角度的画面，我蹲守在路边。迎面走来一只巨蜥，它频频吐出分叉的长舌头。这种"探测工具"与蛇信子有异曲同工之妙：舌头上布满灵敏的感应细胞，犹如雷达天线，专门收集空气中的化学分子，然后在大脑里进行分析，判断猎物的类别和方位。它甚至可以嗅到2千米外的血腥和腐肉气味。这种本领让科莫多巨蜥在整个冷血动物大家族中也是非常特别的存在。

树荫下，两只新几内亚冢雉在巨蜥旁边溜达。这种鸟的飞行能力较差，它们在地面上挖洞筑巢。我没想到两者之间竟然还有着特殊的联系：多达七成的巨蜥会利用废弃了的鸟巢。巨蜥会将这些1米左右深

◀作者与科莫多巨蜥

的新几内亚冢雉的巢穴继续挖至 2 米深，每年固定在同一个巢穴内孵卵。我们尾随一只雌性科莫多巨蜥来到它的巢穴前。为了监控巨蜥繁殖，附近树上安装了监视器，游人不得靠近，我们只能在外围注视着它的一举一动。山丘上有四五个洞口，只见它钻进其中一个，露出半截身子，不停地往外刨土。

"附近的几个洞是为了迷惑同类的假巢，因为它的卵也是其他巨蜥的食物。每年 5 到 8 月是交配期，9 月雌蜥会在洞里产下 15 ~ 30 枚软壳卵，经过七八个月的时间孵化。来年 4 月，刚孵出的幼兽有 40 厘米长，重约 100 克。这个时间也正是昆虫最多的时候，为它们提供了充足的食物。幼体经过 5 到 7 年才能达到性成熟，科莫多巨蜥的寿命为 20 ~ 35 岁。"这只雌蜥显然不放心它的卵，一直在四周巡视。巨蜥的活动范围在数千米之内。在繁殖期间，雌蜥每天都要回到巢穴查看几次。

巨蜥的食谱包罗万象，除了食腐的偏好，岛上常见的食草动物（如帝汶鹿、野猪和水牛）是它的最爱，有时连弱小的同类也不放过。虽然这种体重达 70 ~ 90 千克的巨蜥可以用强有力的脖颈和锋利的牙齿轻易吃掉小型哺乳动物，奔跑的速度也不慢（能瞬时加速到 20 ~ 25 千米/小时），但它很少追捕猎物，而是采用伏击的方式。为了对付体形更大的猎物，巨蜥发展出一种独特的捕食方式。比如，面对攻击性很强的水牛时，巨蜥要么在水牛经过的路上埋伏隐身，要么悄悄接近目标。然后趁其不备，扑上前猛咬水牛的腿，同时将毒液注入水牛的伤口。虽然无法立即置对方于死地，但毒液可以降低猎物血压，让其流血不止。猎物重则昏迷，轻则即使逃脱后，毒液中的抗凝血剂也会使伤口无法愈合。在随后的一两周里，嗅觉灵敏的科莫多巨蜥会顺着血腥的气味跟踪受害者，在旁边静静地等待其逐渐衰弱。这时，几只饥肠辘辘的巨蜥会共同前来大快朵颐。巨蜥是我见过的最有耐心的捕食者了，正是这些特殊本领才使得它雄踞岛屿食物链的顶端。

考虑到近距离拍摄难度大，第三天我决定使用专用拍摄设备 GoPro，将其放置在巨蜥行走的道路上，躲在远处遥控拍摄。这招果然管用，巨蜥三三两两经过相机附近，超广角镜头下的巨蜥如远古巨兽。看到一只巨蜥索性趴在了相机旁，向导只能用木叉撑它。它很不情愿地站起来走开，我这才取回 GoPro。有的巨蜥刚刚饱餐一顿，肚子鼓鼓的。餐前和餐后相比，巨蜥的体重会差上几十千克。它的胃有很强的伸缩性，一次可以吞下占自身体重 80% 的食物，然后长达一个月不用进食。

公园管理处附近的水坑吸引了一只成年雄性巨蜥前来喝水，它的嘴里长满锯齿状牙齿，60 颗尖锐的牙齿会脱落更换。由于生活环境炎热干旱，水源极少，巨蜥极少饮水，通常靠饮动物的血解渴。巨蜥偶尔也会下海游泳，但最多游 500 米就游不动了。大多数爬行类冷血动物缺乏有氧运动的能力，不够灵活，耐力差。然而科莫多巨蜥的耐力和速度都远超其他爬行动物。原来基因适应性的改变使得它细胞中的线粒体的功能发生了变化，有氧运动能力得到加强，比一

▲ 一只雌性科莫多巨蜥在巢穴附近巡视

般的爬行动物更抗疲劳。这也是它的不同寻常之处。

　　1988 年科莫多国家公园成立后，科莫多岛上还生活着 2000 多居民，林卡岛上也有两个小村子，总共有 1000 人左右。政府出资帮助这些村民修建了围栏，防止巨蜥袭击牲畜和人。因为保护得力，国家公园里的巨蜥数量增加很快，其中科莫多岛上最多，有 1727 只，林卡岛次之，有 1049 只。加上附近岛屿，总数超过 3000 只。虽说数量稳定增加，缺乏繁殖能力、外来偷猎和疾病依旧威胁着科莫多巨蜥的生存。

　　龙是人们幻想的产物，科莫多巨蜥却是真实的存在。恐龙早已作古成为化石，但 380 万年前的巨蜥遗留种群中的最后代表——科莫多巨蜥依旧活跃在地球上，在地壳运动过程中被幸运地留在了这些孤岛上。它的祖先——生活在印尼和澳大利亚的巨蜥，曾经是地球上最大的有毒动物。90 万年来科莫多巨蜥在印尼岛屿的生境变化中成功地保持住了庞大的身躯和依靠毒腺捕食的能力，不能不说是一个奇迹。

▼ 东努沙登加拉省的林卡岛和附近的科莫多岛同属科莫多国家公园

科莫多巨蜥

马达加斯加：奇异爬虫世界太魔幻

时　间：2013 年 3 月、2018 年 7 月、2019 年 7 月
地　点：哈努马法纳国家公园（Ranomafana National Park）
　　　　瑞尼亚拉自然保护区（Reniala Reserve）
　　　　穆龙达瓦（Morondava）
关键词：枯叶平尾壁虎、马岛残趾虎、马岛辐射龟

　　马达加斯加这个"生命演化工厂"盛产奇异物种，一再挑战着我们的想象力。看似树枝的竹节虫，如枯叶般的壁虎，一簇簇洁白细长的"花瓣"——遇到下雨便会化蝶而去的花螳，一个比一个更擅长伪装。

▼ 马岛残趾虎又名日行守宫，是当地特有物种

在马达加斯加（简称马岛）这艘满载古老物种的"方舟"上，两栖爬行动物不少，如今它们在岛上随处可见——森林、花园、酒店、公路以及各种建筑的墙壁上，有的色彩鲜艳，有的则是自然界的伪装大师。

我从未见过像枯叶平尾壁虎（Leaf-tailed Gecko）这样令人叫绝的物种。如果不是向导告诉我，我无论如何也不相信这块"树皮"是一只壁虎。它在白日里一动不动地趴在树上，和树干融为一体，甚至还发展出了树皮状的纹理，完美地骗过了所有的掠食者。被惊扰的枯叶平尾壁虎感觉自己暴露了，不情愿地起身，拖着扁平宽大的尾巴移动到另一根树枝上。和其他壁虎一样，它的脚上有吸盘，善于爬树，尾巴在遇到紧急情况时也会断掉。到了夜晚，结束潜伏的枯叶平尾壁虎精神起来，两眼放光，生龙活虎，摇身一变成为昆虫闻风丧胆的克星。在琥珀山国家公园里，我又见到了它的"兄弟"——苔藓叶尾壁虎，这家伙伪装得更绝，我凑到跟前都没看出来。

同是壁虎，有些就不屑于躲躲藏藏，比如早餐时趴在桌子腿上的这只壁虎，翠绿的身体上分布着红色、蓝色和金黄色圆点。它的名字叫马岛残趾虎（Madagascar Giant Day Gecko），是马岛特有种，因脚掌内侧的第五趾短小似残缺而得名。它的趾头宛如树蛙的脚趾，趾端膨大，中段纤细，末端附有吸盘。作为为数不多的日行性壁虎之一，这种壁虎拥有少见的绿色体表，

▼ 枯叶平尾壁虎是自然界的伪装大师

▲ 天蓝芦苇蛙

在阳光下熠熠生辉。然而，我觉得它的色彩过于艳丽，还喜欢晒太阳，高调得让人严重怀疑它是否有天敌。

拟态成树叶的昆虫也不少，竹节虫就是个奇才，你根本无法察觉它的存在。移动的时候，它甚至会模拟树枝在风中摇曳的姿态。还是向导的眼力好，他辨别出来后指给我看。每当这时，我都会对这些大自然的"神物"佩服得五体投地。

马岛拥有全世界蜥蜴种类的一半，蜥蜴是爬行纲有鳞目蜥蜴亚目中所有种类的总称，包括避役科、鬣蜥科、壁虎科、石龙子科、蛇蜥科等。我这辈子见得最多的蛇就在这里，刚开始还有些忌惮，准备了胶鞋和蛇药。直到后来得知马岛没有毒蛇，我才松了口气。蛙是马岛两栖动物中的明星，在已发现的 500 多种热带雨林蛙类中，超过 300 种为马岛特有，占到全世界蛙类的 4%。这里是著名的"蛙类热点区"。在最近的一次旅行中，我在东部海岸拍摄到了漂亮的天蓝芦苇蛙（Madagascar Reed Frog），身长不过 2 厘米，趴在低矮的沙地植物的叶子上，背部呈淡蓝色，腹部却是亮橙色，眼睛下方有两道黑色线条。这又是一件大自然的色彩杰作。

西北部的安卡拉方齐卡保护区（Ankarafantsika Reserve）是马岛为数不多的常年有国际动物科研组织驻扎的保护区之一，这里曾经栖息着世界上最为珍稀的陆龟——安哥洛卡象龟（Angonoka Tortoise），可惜现在在野外基本上见不到了，仅在专门的保育区里进行人工繁殖。在保护区中徒步时，我遇见了一只马岛黑颈鬣蜥（Collared Iguanid Lizard），这个小家伙一开始躲在树洞里，只露出长长的像披了鳞甲一样的尾巴。它的真容还是挺漂亮的。

马岛西部的瑞尼亚拉自然保护区（Reniala Reserve）占地仅 60 万平方米，却生活着 39 种爬行动物，是不折不扣的物种天堂。除了植物和鸟类保护区、狐猴救援中心，这里还专门设立了一个马岛辐射龟（Radiated Tortoise）保护中心。久闻辐射龟的大名，这种有着灿烂的黄色放射纹路的美丽龟类仅生活在马岛最南端及西南部干燥的灌木丛、荆棘林以及林地中，是世界上最漂亮的陆龟之一。马岛单陆龟就有安哥洛卡象龟、辐射龟、蜘蛛龟和扁尾陆龟 4 种，均被列为《濒危野生动植物物种国际贸易公约》一级保育物种，禁止贸易。

▲ 马岛黑颈鬣蜥

▲ 马岛辐射龟

　　这个保育中心饲养了1000多只辐射龟，成年龟拥有高耸的半球形背甲。年龄越大，龟背上的花纹就越模糊。辐射龟在20岁时才开始繁殖，可以活到130岁。它们最喜欢的食物是仙人掌。不像其他龟类那样腼腆，辐射龟可以让人抚摸头部、四肢而不回缩，因此备受陆龟玩家喜爱，被称为"梦幻陆龟"。不过，这也导致走私严重，目前辐射龟已濒临绝种。我捧起一只一岁左右的小龟，它是这个物种的希望，长大后或许会被放回曾经的家园，如果那时还在的话。

　　很多爬行动物的栖息地十分干旱，植被也很特殊。恶劣的气候促成了独特的生态。为了更好地储存水分，这里的植物演化出了各种各样的技能。高大的多肉荆棘植物粗犷威猛，金合欢以及大戟科和仙人掌科的肉质植物在旱季无叶，在雨季则十分繁茂。奇形怪状的针刺类植物是半荒漠地区的主角，叶片呈针状。这里还有巨大的猴面包树和刺戟木科植物。有些树的年龄甚至在千年以上了，有一株"祖母级"的猴面包树超过3000岁。站在这些"巨人"的下面，我怀疑这个"大棒槌"转身便可化身为树怪，偷听我们的对话，做出各种奇怪的表情。

　　离开瑞尼亚拉自然保护区的时候已近黄昏，附近村里的孩子们在公园门口玩耍，围着猴面包树捉迷藏。背后魔幻森林的大门悄然合上。夜幕降临后，里面的夜行动物开始活跃起来了。会发生哪些有趣的故事呢？不禁让人生出诸多遐想。

马达加斯加：欢迎来到"变色龙星球"

时　间：2011—2019 年
地　点：马达加斯加（Madagascar）
关键词：变色龙

在我见过的所有爬行动物中，变色龙是一个很特别的存在。很难相信，马达加斯加的公路竟然是其最佳观赏地。尽管变色龙有着完美的伪装色，在枝叶中很难被发现，然而一旦走到公路上它便会原形毕露。欢迎来到"变色龙星球"。

▼ 豹变色龙是变色龙大家族中最绚丽的成员

变色龙的"太空步"

扫码观看

　　马达加斯加这个神奇的岛屿遍布独特物种，从清晨到黄昏，你都有可能与它们中的一种或几种邂逅，比如变色龙（Chameleon）。历经两亿多年的变迁，与恐龙同宗的变色龙不仅在生存上有着截然相反的命运，还幸运地集中到了马岛。全球变色龙中的一半都生活在这里，其中59种为马岛独有。人们还在不断发现新的变色龙品种，或者根据基因分析，将被错分为亚种的变色龙重新划定为独立种。这里堪称变色龙的大本营。

　　我拍摄过十几种变色龙，其中有一半都是在路上"捡"的。这些家伙喜欢大摇大摆地走到公路中间，动作又慢，半天都过不去。好在路上车少，对它构不成太大的威胁。每当这时，我都很高兴地跳下车和它打个招呼，然后助其一臂之力，将它放到更安全的路边。这些偶遇为枯燥的赶路增添了不少乐趣。

　　虽然体色和路面的颜色接近，但形体还是轻易地暴露了一只奥力士变色龙（Oustalet's Chameleon）。这种体长最长的变色龙正以特有的摇摆姿势过马路，我称之为变色龙的"太空步"：走一步摇摆两下。虽然这不是最有效的前进姿势，但绝对是最引人注意的一种步伐。这样的动作使得天敌误以为它是被风吹动的树叶。如果发现危险正在逼近，它的身体就会马上变得僵硬，前爪或后爪保持不动。这么难以拿捏的姿势可以坚持很久。

　　路边又出现了一只色彩斑斓的豹变色龙（Panther Chameleon，又称为七彩变色龙、豹纹变色龙）。这一次我将它架在了胳膊上，感觉它的爪子深深地嵌入我的肉里，非常有力。虽然与蜥蜴同属于蜥蜴亚目，但为了适应树栖生活，变色龙发展出了"对指"，能够对握，和鹦鹉类似。变色龙的四肢更长，不像壁虎那样分布在身体两侧，而是垂直位于身体的下方。一条能缠卷树枝的长尾巴现在正缠卷在我的胳膊上，起到平衡和抓握作用。

　　雌、雄变色龙的体色差异很大，不同地区也有不同的亚种。豹变色龙最鲜艳，它的身上有

一条白色横纹。雄性如彩虹般绚丽，除了体形更大，头冠也比雌性明显，吻尖有一个明显像铲子的角状突起物并延伸至眼部两侧。雌性不如雄性美丽，平静时身体呈灰褐色。当进入繁殖期时，雌性的体色会变为淡橙色至粉红色，但当它怀孕或不想交配时，全身又会变回深褐色至黑色，告诫对方"离我远点儿"。豹变色龙的地域意识很强，非常忌讳同类入侵，它最不喜欢的莫过于碰见了另一只变色龙。两只雄性靠近时，战斗一触即发。

一直以来，人们都有个误区，认为变色龙都会改变身体的颜色。其实不然，只有部分变色龙可以全身变色，有些则具备局部变色能力，比如漂亮的蓝鼻变色龙（Blue-nosed Chameleon）。心情放松的时候，它的蓝鼻子呈醒目的天蓝色；感觉危险靠近时，鼻子会变成深色；危险解除后再变回天蓝色。变色龙并非我之前想象的那样因为环境变化而改变体色。大多数时候，变色是它用来表达情绪的独特方式。别看变色龙的颜色和体形千差万别，但普遍敏感胆小。当我靠近一只变色龙时，这个腼腆的小家伙感觉到了，它斜视着我，开始不安起来。情绪变化的结果便是身体颜色的改变，这才是变色的诱因。

此外，求偶期的变色龙，无论雌、雄，变色都更加积极。雄性变色龙会利用精心设计的"视觉秀"向异性展示它的优良基因，花色变化越多越明显，在异性的眼中就越有吸引力。当求爱遭拒或者在争斗中失败时，雄性变色龙的身体会变成灰色或者褐色来传递认输的信号。而雌性变色龙拒绝不中意的对象时，身体的颜色也会变暗，有些还会闪动红色斑点。另外，当变色龙的领地遭到同类入侵的时候，雄性会让自己身体的暗黑部分变得明亮起来或者更鲜艳，借以恫吓对方，警告其离开自己的领地。总之，变色龙身体的色彩变化是一种信息表达和交流方式。

变色龙的听力很差，行动迟缓，怎么御敌呢？它发展出了一双"全视角"的立体眼睛：环形眼帘很厚，眼球突出，上下左右转动自如。瞳孔调节焦距，大脑调整晶状体的弧度，由此判断出自己与猎物之间的距离。更绝的是，左右眼竟然可以各自单独活动：一只向前看的时候，另一只可以向后看，既有利于捕食，又能及时发现后面的敌害，风吹草动都逃不过那双圆鼓鼓的眼睛。这在动物界中十分罕见。

北部的琥珀山国家公园（Amber Mountain National Park）是马岛生物多样性最丰富的地区之一，早在 1958 年法国殖民统治时期就成立了专门的国家保护区。公园位于马岛北部最大城市迭戈·苏亚雷斯（Diego Suarez）西南 40 千米处，海拔达 1000 多米，降雨量充沛。这里不仅拥有北部生态系统保存最完好的、物种丰富的热带雨林，还有河流、瀑布和火山口湖，是 75 种鸟类、7 种狐猴（包括最小的日行狐猴）、24 种爬行动物（包括最小的侏儒枯叶变色龙）以及 1000 多种热带雨林植物的家园。

近些年才被发现和命名的侏儒枯叶变色龙（拉丁学名：*Brookesia ambreensis*）便出自此地。在公园门口，向导俯身从叶子中捡起一只深棕色的变色龙放到我的手上。它只有指甲盖那么大，是世界上最小的变色龙。因为仅在枯叶间活动，虽然枯叶变色龙不会变色，但棕色体色本

▲ 地毯变色龙

▲ 国王变色龙

▲ 巨鼻变色龙

▲ 枯叶变色龙

▲ 短角变色龙

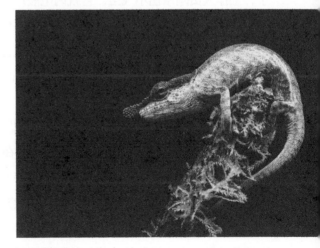

▲ 蓝鼻变色龙

▲ 作者将变色龙小心翼翼地放在胳膊上

身就是绝佳伪装。这些变色龙如此之小是"岛屿矮态"的结果，即在与世隔绝、资源有限的环境条件下，体形庞大的动物经过几代的演化逐渐变小。这样的"伪装大师"还不少，眼尖的向导拿起一片普通的树叶，上面趴着一只头上好像戴了顶书生帽的棕色变色龙，这也是枯叶变色龙的一种。它常躲藏在落叶下面，将自己伪装成枯叶以蒙骗捕食者。

变色龙中最受欢迎也是最美丽的品种是国王变色龙（Parson's Chameleon），主要分布于马岛的东部和北部，栖息于海拔2000米的热带雨林中。它需要待在高处才能够晒到足够的阳光，维持体温；炎热的正午，则会到低处去捕食和活动，但很少下到地面上。作为马岛体形最大的变色龙，国王变色龙的外表威武，头盔一样的冠、粗壮的身体及四肢让它颇有帝王的气势。雄性的鼻子上顶着两个威武的犄角，在繁殖期，这对角会变成争夺配偶的有力武器。雄性体色鲜艳，浅蓝、石灰绿、亮橙、浅绿等颜色搭配在一起，形成五颜六色的斜纹。雌性的色彩则朴素得多，通体呈绿色，鼻子上没有任何突起物。

我在昂达西贝的蝴蝶谷中认认真真地观察了各种变色龙。这是一个可以追溯到殖民时期、由法国人经营的私人保护区，饲养了马岛代表性的昆虫和两栖爬行动物。变色龙的开饭时间到了，工作人员刚拿出小飞虫，它就闪电般地伸出长舌，1/25秒便完成了精确打击。变色龙舌头的长度竟然是自己体长的两倍，舌尖上的腺体能够分泌大量黏液粘住昆虫。变色龙的活动范围不大，捕食方式属于"守株待兔"型。变色龙是爬行纲避役科动物，学名为"避役"。"役"是指需要出力的事情，这种特殊的捕食方式使得它可以避免耗费太多体力，不出力就能吃到食物，因此得名。

夜幕降临，白日里的危险解除，变色龙们纷纷从高高的树上下到低矮处，尾巴蜷成螺旋形，缩成一团，安静地趴在树叶或枝干上休息。在手电筒的照射下，只见它的身体放松，色彩变暗，眯着眼睛，像个熟睡的孩子。变色龙看起来无忧的日子其实危机重重，环境恶化、栖息地丧失是主要原因，它们也会被人类非法捕捉贩卖到国外的宠物市场，尤其是国王变色龙和豹变色龙特别受欢迎，走私泛滥。好在马岛的生物学家和环保人士在紧急行动，已经开始实施变色龙人工饲养计划，人工繁殖后再将其放归保护区。

▲ 圆角变色龙
▼ 捕食中的豹变色龙

白鲸
（北冰洋）

座头鲸
（加拿大温哥华岛）

亚马孙河豚
（秘鲁）

南露脊鲸
（阿根廷瓦尔德斯半岛）

座头鲸
（南极半岛）

花斑喙头海豚
（亚南极）

第三部分　辽阔海洋观鲸

北太平洋虎鲸
（堪察加半岛）

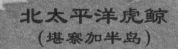

抹香鲸
（日本北海道）

蓝鲸
（斯里兰卡）

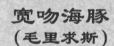

宽吻海豚
（毛里求斯）

暗色斑纹海豚
（新西兰南岛）

座头鲸
（马达加斯加圣玛丽岛）

南极
罗斯海虎鲸

我从未想过有一天会对鲸这样的大型海洋生物产生浓厚的兴趣，正如我从来没有考虑过成为极地摄影师一样。然而，二者之间有着必然的联系：极地海域是这个星球上最好的观鲸地之一。在 20 多次的夏季航行中，随着鲸在镜头中出现的次数越来越多，我逐渐痴迷上这些海洋中的庞然大物。

　　与专门寻鲸的观鲸旅行不同，极地邮轮与鲸的相遇，大部分属于航行途中的邂逅。夏季遇到鲸的概率相当高，很多时候，这些好奇的庞然大物甚至会游到船边，用各种花式表演为观众带来惊喜。从此，我便开始有目的地探访那些有鲸活动的海域，从极地逐渐扩展到加拿大（温哥华岛）、阿根廷（瓦尔德斯半岛）、冰岛（胡萨维克）、斯里兰卡（美瑞莎）、日本（北海道的知床半岛）、俄罗斯（堪察加半岛）、中国（台湾花莲和宜兰）、新西兰（凯库拉）、马达加斯加（圣玛丽岛）和南非（赫曼纽斯）等地。我像追星族一样游走在四大洋中。

　　鲸，非鱼，海洋哺乳动物是也，用肺呼吸。5000 年前，它的祖先也曾在陆地上生活，后来成为深海中的巨兽，是地球上最成功的海洋哺乳动物。鲸是个大家族，鲸目下分 89 种，包括所有的海豚。鲸目曾经有三大亚目：须鲸亚目、齿鲸亚目和古鲸亚目。然而，古鲸亚目已在渐新世（大约始于 3400 万年前，终于 2300 万年前）灭绝，今天我们能见到的只有须鲸亚目和齿鲸亚目。

　　顾名思义，须鲸（Baleen Whale）没有牙齿，依靠巨大的鲸须来筛选浮游生物，为滤食性。须鲸亚目下分露脊鲸科、灰鲸科、须鲸科（又称鳁鲸科）和小露脊鲸科，共 4 科 6 属 12 种。齿鲸（Toothed Whale）有牙齿，为掠食性，牙齿的数目与排列方式受食性的影响而不同。齿鲸亚目包括河豚科、抹香鲸科、剑吻鲸科、一角鲸科、鼠海豚科、海豚科和领航鲸科，共 7 科 34 属 77 种。须鲸中的蓝鲸是地球上哺乳纲中体形最大的，但它以小型甲壳类动物（如磷虾）与小型鱼类为食。齿鲸的体形相对较小，以海洋哺乳动物和鱼等为食。鲸位居海洋食物链的顶端，对维持海洋生态系统的平衡起着举足轻重的作用。

　　在茫茫大海上辨认一头鲸并非难事。它需要定期露出水面呼吸，喷出的水柱有时高达十几米，在 1 千米外都可以看到。鲸的鼻孔位于头顶，带有开关自如的活瓣。当它浮出水面换气时，活瓣就会打开，从鼻孔里喷出泡沫状的气雾，远远看去很像一股水柱，其实是呼出的热空气接触到外界的冷空气后凝结成小水珠而形成的白色雾柱。

　　由于海洋生物所处的特殊环境，人们很难从海面上观察鲸的形状、大小和外表。这些雾柱有助于辨认不同种类的鲸，比如须鲸的雾柱通常是垂直的，又细又高；齿鲸的雾柱是倾斜的，又粗又矮。此外，露出海面的背鳍、身体的弧线形状以及深潜时翻出的尾鳍等也是判断不同种类鲸的重要依据。

　　观鲸次数多了，我对鲸的习性也愈发熟悉。最常见的座头鲸（Humpback Whale）属于须鲸亚目，它的好奇心强，性情温顺，擅长制造气泡形成柱网来捕食。好几次近在咫尺，我甚至可以听到它低沉的呼吸声。座头鲸不仅擅长"歌唱"，而且喜欢翻尾，在繁殖期尤其活跃，经常跃出水面。背跃式姿态矫健优美，伴随着海水巨大的溅落声，带给我们无与伦比的体验。鲸跃是鲸表示欢乐、沟通、求偶的一种方式，更实际的作用则是帮助它摆脱身上的寄生物。

齿鲸亚目中的虎鲸（Orca）则是我最欣赏的高智慧生物了。属于海豚科的虎鲸是这一科中体形最大、最凶狠的角色，具备极强的社交属性和家族情感认知能力，捕食技巧更令人赞叹不已。作为海洋中的顶级杀手，虎鲸所向披靡，某些亚种的食谱甚至包括多种体形比它大得多的鲸。在环冰岛航行中，我就曾目睹了一场虎鲸围捕座头鲸的大战，惊心动魄。当然也不是所有的虎鲸都这样杀气腾腾。栖息地的巨大差异让它分化成了不同的亚种群，比如南极海域中的虎鲸被科学家分为 4 个类型，这些种群在基因构造、生活习性和食性上都存在显著差异。

除了座头鲸和虎鲸，在近些年的航行中，我还看到过抹香鲸（Sperm Whale）、南露脊鲸（Southern Right Whale）、须鲸（Fin Whale）、小须鲸（Minke Whale，又叫小鳁鲸）、白鲸（Beluga Whale）和亚马孙河豚（Amazon River Dolphin）等。可惜我不会游泳，无法在水下与它们相会，只能在船上进行拍摄。

进入 21 世纪后，观鲸已经成为一项广受游客欢迎的生态旅游项目，为附近开展观鲸旅游的小城（镇）创造了不少收入。各地观鲸旅游的体验各不相同，形成了有趣的鲸文化。马达加斯加的圣玛丽岛会为庆祝座头鲸洄游而举行隆重的"观鲸节"，在加拿大托菲诺的"太平洋沿岸鲸节"上可以见到壮观的灰鲸群，南非赫曼纽斯还有"报鲸人"。这些都吸引着来自全球各地的游客。

从古至今，人与鲸的关系始终爱恨交加。人类对"海洋之王"既敬畏又无情。在海明威的《老人与海》和赫尔曼·梅尔维尔的《白鲸》等经典名著中，人类凭借勇气、智慧和力量战胜它们，意味着神勇与传奇。进入 21 世纪后，美国纪录片《海豚湾》《黑鲸》则展示了以人类利益为出发点，对鲸豚进行大肆屠杀、交易的黑暗现实。现在依然有极少数国家允许合法捕鲸。人类的态度决定了鲸在这个星球上的存留。

作为一名对鲸有着特殊情感的生态摄影师，我希望用亲身经历来告诉大家鲸是一种怎样的神奇生物。第一次听说"鲸落"（Whale Fall）这个词时，我便有种触电的感觉，想象着这么一个庞然大物逐渐沉入海底，缓慢、忧伤，甚至带着几分凄美……一头鲸的死去，便是深邃海洋中无数生命厄运的开端。我永远无法忘记从水听器中听到的座头鲸的"歌声"，幽深、空灵，那是世界上最动人的声音。有鲸的海洋才值得我们期待！

南极：座头鲸的"极地狂欢"

时　间：2012—2017 年
地　点：南极半岛（Antarctic Peninsula）
关键词：座头鲸

　　南极，在那个回归本源的冰冷世界中，生命通常带着一种特殊的尊严和顽强。雪山下，几十吨重的座头鲸从海中跃出，释放着力量，表达着欢愉。那一刻，除了感叹人类的渺小，我更多了一份对大自然的崇敬和感动。

▼ 夏日的南极半岛海域，座头鲸上演"双鲸舞"

　　11 月，南半球的春天，当第一缕阳光透过浮冰的间隙，催开冰封半年的极地洋面，映亮海水的时候，冰山融化的淡水带来营养丰富的物质（硝酸盐、磷酸盐和硅酸盐），光合作用把这里变成单细胞藻类繁殖和生长的乐园，构成了整条海洋生物链的第一环。浮冰周围更容易聚集数不清的磷虾小鱼，一些巨大冰山的翻转也使得海底生物上浮。受到鱼虾的诱惑，海洋"美食家们"（企鹅、海豹和鲸）纷纷南下。我常常可以见到数百只海鸟与鲸共赴盛宴的壮观场面，这样的场景在来年 2 月的极地海域达到顶峰。

　　我与座头鲸的故事便这样开始了。最精彩的一次邂逅，正是发生在食物丰盛的冰山附近。2014 年 2 月 12 日，一个晴朗的早晨，极地邮轮缓缓穿过风光绮丽的勒美尔海峡（Le Maire Strait），进入南极半岛的威廉敏娜湾（Wilhelmina Bay）。这里由于汇集了大量的浮游生物，是鲸最喜欢光顾的"食堂"，它们经常成群出没在这片水域。

　　探险队员很快便发现了由七八头座头鲸组成的鲸群，它们正聚在一起捕食磷虾。邮轮追踪鲸群行至海峡南端的雅勒尔岛（Yalour Island），船方决定在附近的潘诺拉海峡（Penola Strait）展开冲锋艇巡游。用这种方式可以近距离观鲸。雪山环绕着海湾，在湛蓝的海面上，座头鲸巨大的黑色脊背格外显眼。很快，冲锋艇的左右都是它们的身影，有远有近；这边喷水，那边翻尾，整个世界就剩下了"咔咔"作响的相机快门声。然而由于距离太近，长焦镜头已经派不上用场了，我赶忙掏出手机来录像。

　　这是我生平第一次近距离接触"海洋之王"，场面颇为震撼。座头鲸露出水面的巨大头部与下颚布满了被称为节瘤的小型瘤状突起，这些节瘤其实是座头鲸的毛囊，顶端还有 1 ~ 3 厘米长的粗硬刚毛。在漫长的演化之路上，为了减小游动阻力，绝大多数鲸都彻底失去了体毛，然而座头鲸冒着增大阻力的风险，把这几十根毛保留了下来。这些毛发像人类的汗毛一样，是极为敏锐的感官，对座头鲸的捕食颇有裨益。这也成了座头鲸与其他鲸豚的一个明显区别。

　　除了瘤突这个显著特征，座头鲸还拥有鲸中最长的鳍状肢：一对夸张的鸟翼状鳍状肢修长有力，划动时犹如船桨，"大翅鲸"的名字由此而来。这也让它成为更擅长表演"舞蹈"的鲸。座头鲸翻尾时，背部向上弓起，人们又称其为"弓背鲸"或"驼背鲸"。总之，座头鲸有各种绰号，是海洋中最好辨认也最受欢迎的鲸。

　　看到这么多远道而来的热情观众，座头鲸索性在船边表演起了翻尾大戏：弓身，头部直入水中，缓慢翘起尾叶，将硕大的鲸尾甩出水面，带起流苏般的水花；一次又一次，它从不同角度配合着摄影师，似乎在问："都拍下来了吗？不行的话，我再翻一次。"

　　突然，一头座头鲸腾空跃出海面。我忙举起相机，只赶上它回落海中的瞬间。没想到，旁边一头鲸正好在翻尾，两头鲸重叠在了一起，看照片，还以为这是同一头鲸在"打挺儿"呢，前仰后撅的。每头鲸的尾巴形状、颜色和花纹都不同，有着极高的辨识度。座头鲸翻尾时，我可以清晰地看到它尾巴上的白色寄生物，那是鲸虱以及藤壶和茗荷介等蔓足纲动物。据说某些

扫码观看

正在捕食的座头鲸

成年座头鲸身上的寄生物的质量可达半吨。由于不堪重负，它们有时需要用"鲸跃"的激烈方式拍打掉这些牢牢附着在身上的寄生物。

在晶莹剔透的冰山下，座头鲸"唱着"欢快的歌儿，喷出蔚为壮观的水柱，时不时跳个"双鲸舞"甚至"三鲸舞"。一头十几米长、几十吨重的庞然大物在海中却如此灵活。座头鲸这种看似自由自在、无拘无束的嬉戏，其实是在捕猎。发现磷虾群时，它会从其下方以螺旋状吐出许多大小不等的气泡。有时，多头座头鲸还会联合编织一个大气泡网。气泡上升形成圆柱形气泡网，磷虾群被困在其中。这时，座头鲸突然从网中央出现，张开大口将磷虾一网打尽。成年座头鲸一次能吃掉五六十千克磷虾。

接下来我们的遭遇更刺激。一头座头鲸游到艇边，它那巨大的头部浮出水面，似乎在说："来和我做个游戏吧。"只见它缓慢翻转身体，伸展着巨大的鳍状肢，很舒服地仰面躺在海中。冲锋艇上的人伸手可及，早已惊得目瞪口呆。觉得不过瘾，座头鲸干脆钻到冲锋艇下面，用长长的鳍状肢托起小艇玩耍起来。虽然它没有恶意，但毕竟是几十吨重的海洋巨兽，吓得开船的探险队员慌忙驶离。顽皮的座头鲸拉近了我们和海洋的关系。

座头鲸的"才艺秀"不仅有动人的"舞姿"，还有美妙的"歌声"。在2015年1月的航行中，我第一次近距离听到并录下了座头鲸的"歌声"。大船渐渐接近3头正在打盹儿的座头鲸，它们如浮木般漂在海面上，缓慢地游动着，偶尔换一下气。悠扬浑厚的声音伴着海浪声，座头鲸不用声带而是通过体内的空气流动发出声音。各种频率的声音以多变的节奏组合成长长的"唱段",座头鲸尤其擅长低频"歌唱",频段在 30 赫兹到 8000 赫兹的范围内,其复杂程度在动物界位居前列,在 30 千米以外都可以听到。它果然是海洋中的"麦霸"。

2017 年 11 月的航行中,一头好奇的年轻座头鲸(从其身上的寄生物可以判断年龄)游到船边后,突然侧起身子,将长长的鳍状肢伸向天空,用力拍打水面,一下,两下,三下……足足拍打了十几下,看得大家直呼过瘾。不知道它是否在用这种方式和我们打招呼。总之,这是它的丰富肢体语言之一。座头鲸会用类似的"拍击战术"捕食:身体侧斜,用鳍状肢、尾鳍不停地拍击海水,把小鱼小虾赶到自己面前,然后大嘴一合,将小鱼小虾和海水一起吞入口中,再将海水从须缝间挤压出去,只留下美味的食物。

在同年 12 月的南极三岛航行中,我们遇到了一对座头鲸母子,幼鲸紧随妈妈左右。它们在船的两侧不停地来回游动,和我们捉起了迷藏,害得大家在甲板上左右奔跑,气喘吁吁,但每个人都非常开心。几十吨重的座头鲸畅快地游弋着,尾流掀起的浪花伴随着动听的"歌声",夏季的极地海洋也因此变得热闹和充满活力。最后,"海洋之王"结束了游戏,慢慢地游走了,只留下溅起的水雾和如痴如醉的我们。

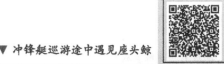

▼ 冲锋艇巡游途中遇见座头鲸

南极：这个"海洋杀手"不太冷，有点萌

时　间：2014—2019 年，12 月到次年 3 月
地　点：南极半岛（Antarctic Peninsula）
　　　　罗斯海（Ross Sea）
关键词：虎鲸

　　南极航行中，虎鲸的出现无疑是最令人兴奋的。这些"黑白萌物"的真实身份是海洋中的顶级掠食者。它们成群结队，身手敏捷，捕食战略体现了超高的智慧。当你站在甲板上看风景时，风景中的它们其实也在观察你。

▼ 南极 B 型虎鲸家族

第一次遭遇虎鲸（Orca），还是在 2014 年 2 月穿越南极圈的航行中。虎鲸群的登场颇有气势：高高的背鳍划破水面，乘风破浪，威风凛凛，那一瞬间便俘获了我的心。

由于矗立在海面上的虎鲸背鳍看起来像倒立的戟，它又得名"逆戟鲸"。其实，虎鲸学名的寓意更深：Orcinus orca，Orcinus 源自 Orcus，指罗马神话中的"死亡之神"。人们觉得它喜欢大开杀戒，于是"Killer Whale"之名不胫而走。将该词翻译成"杀人鲸"却是大大的误解，虎鲸对人类非常友善，我觉得"杀手鲸"这种叫法更准确。这个"杀手"是海豚科中体形最大的一种。

据推测，全球开阔海域中最少有 5 万头虎鲸，其中南极海域就占了一多半。这些虎鲸被研究人员分成了 A、BⅠ、BⅡ、C、D 5 个生态型，可以根据虎鲸的体色以及眼睛后面的白色斑块来进行区分。南极 A 型虎鲸的身体颜色是典型的黑白相间；南极 B 型虎鲸身上的白色部分偏黄色或灰色，眼后的白斑最大，从白斑上部到背鳍的灰色斑纹处还有一条影线；南极 C 型虎鲸即"罗斯海虎鲸"（Ross Sea Orca），拥有和 B 型虎鲸类似的体色和影线，但它眼后的白斑明显向上倾斜，体形最小，绰号"侏儒虎鲸"；南极 D 型虎鲸则具有极小的白色眼斑，头部呈球状，和领航鲸的头部较为接近，背鳍明显比前几种虎鲸更加向后弯曲。这种虎鲸最罕见，1955年才首次被人们观察到。B 型虎鲸和 C 型虎鲸还有一个习性：为了褪去身上的死皮和藻类，它们每年会北上洄游到温暖海域。

在南极航行中，我总共遇到过 5 次虎鲸，巧的是第一次（2014 年 12 月 6 日）和第二次（2015年 1 月 22 日）都发生在库瑞维尔岛（Curiville Island）——南极半岛上最大的巴布亚企鹅的栖息地附近。我怀疑它们是同一个家族，都是身体颜色偏黄的南极 BⅡ型虎鲸。BⅠ型虎鲸便是大名鼎鼎的"浮冰虎鲸"（Pack Ice Killer Whale），是 BBC 纪录片里智慧超群的主角，捕食海豹和长须鲸。BⅡ型虎鲸主要栖息在杰拉许海峡，也被称作"杰拉许虎鲸"（Gerlache Killer Whale），主要以企鹅和鱼类为食，体形比 BⅠ型小。

▼ 南极 A 型虎鲸

▼ 南极 B 型虎鲸

2014 年底，我清楚地记得那是一个阴雨天，完成登陆返回"银海探索号"邮轮后不久，虎鲸的出现给了大家一个惊喜。然而，天气的能见度较差，我只拍摄下了距离最近的一头虎鲸。一个多月后，我乘坐海达路德的"前进号"再次驶入这片海域。太阳又一次爽约，躲进厚厚的乌云里便不再露面。天色昏暗，分不清是清晨还是黄昏。海水从令人悦目的靛蓝变成冷漠的深灰，空中还飘起了小雪。我的心情和天气一样阴沉，感觉不会有什么风景了，便回到房间里休息。然而十几分钟后，船舱内广播响起，通知正前方发现了虎鲸群。我立刻跳起来抓起相机和外套冲到甲板上。

最先看到的是水柱。相对于须鲸又长又细的水柱，虎鲸喷出的水柱是倾斜的，又粗又矮。眼见虎鲸那标志性的背鳍直奔我们的船而来，像海豚一样以跳跃的方式前进，越来越近，很快便"杀"到了船边。最近的一次，它距离船舷不到 20 米。虎鲸的半个身体浮出水面，黑白斑清晰可见。就像指纹一样，每头虎鲸的黑白斑都不同，鲸豚研究人员就是根据背鳍的弧度和斑纹来编制虎鲸族谱的。这时，鲸群中突然出现了一个小不点儿：两头成年虎鲸将年幼的小虎鲸夹在中间。它们正在追逐一只倒霉的企鹅，虎鲸妈妈似乎要为小虎鲸做示范，并不急于将企鹅吞下。虎鲸是典型的母系社会，"族长"由族群中年龄最大的雌鲸担任。"族长"会利用它丰富的经验领导整个族群。

虎鲸的食物种类是鲸豚中最多样的，不同栖息地的族群皆有自己独特的进食习惯，而且会代代相传。我们在南极半岛遇见最多的是 A 型、BⅠ型和 BⅡ型虎鲸，A 型和 BⅠ型主要捕食海豹和南极小须鲸等海洋哺乳动物，BⅡ型虎鲸以企鹅和鱼类为主。C 型虎鲸（罗斯海虎鲸）则完全以鱼类为食。虎鲸的猎食行为是极地动物中最复杂，也是协调性最强的。每个类型都发展出一套实用而又有效的捕猎方法。吃鱼的虎鲸会围绕鱼群做复杂的螺旋游动，越游越快，将鱼群赶在一起，成为一个"鱼团儿"，然后一拥而上，饱餐一顿。相信只有对水流非常熟悉的虎鲸才想得出这种办法。以海豹为食的虎鲸知道如何掀起巨浪，让浮冰上的海豹落入水中，再吃掉它。至于把捕食目标定为更大型动物的虎鲸，战术会更复杂。

2017 年 12 月 29 日傍晚，我从登陆地纳克港坐冲锋艇返回大船，途中突然发现海面上有几根竖起的"旗杆"在移动。由于天阴，在墨色的海水和风浪中，看得虽不是很真切，但我的第一个反应便是：虎鲸。果然，回到大船后不久，我便听到广播里说有虎鲸群出没。当时，这群虎鲸与我们的距离较远，加上光线不好，我在甲板上观望了一阵子便回到房间。没想到晚饭后，它们竟然游到了船的正前方，为首的虎鲸用典型的浮窥姿势"刺探"我们的船，我只抓拍下它回落水中时的白色腹部。这群虎鲸有 10 多头，它们不断跃出海面，围绕着大船逡巡了半个多小时，才渐渐远去。

最近一次在南极邂逅虎鲸，是在更为遥远与寒冷的罗斯海（Ross Sea）。面积达 96 万平方千米的罗斯海是地球上最后一个保存完好的海洋生态圈，数量巨大的浮游生物和磷虾为海豹、企鹅以及鲸等提供了充足的食物。这里的典型物种，如帝企鹅、阿德利企鹅、食蟹海豹、罗斯海虎鲸以及小须鲸等种群的生活几乎没有受到过人类的干扰，罗斯海也因此被称作"地球上变化最小的海洋生态系统"。

2019 年 2 月 24 日，继成功登陆南极最大的科考站——麦克默多站（McMurdo Station）后，我们又收到一份"大礼"：麦克默多站附近的浮冰上出现了一群帝企鹅，同时现身的还有南极 C 型虎鲸。它们沿着浮冰边缘来回游弋，沉重地呼吸吐气，喷出的气体在冰冷的空气中凝结成一股白烟，好像幽灵一般。然而冰上的帝企鹅毫不惊慌，或许深知邻居是以鱼类为食吧。

我们乘坐冲锋艇向着帝企鹅和虎鲸所在的区域驶去，顺利登上巨大坚实的浮冰。这群虎鲸距离我仅百米之遥。我索性趴在冰面上，从镜头中看到几个月大的小虎鲸紧挨着母亲，与它保持协调一致的状态。虎鲸是高度发达的社会性群居动物，拥有海洋生物中最复杂的语言系统，甚至不同族群还拥有不同的"方言"。然而，幼鲸在学习语言之前，只能依靠母亲身上的白斑来跟随母亲。对于自然界中的动物，辨色和夜视能力不可兼得。夜行性和水中视力差的捕食者为了获得感光能力，不得不牺牲辨色能力。那么，这种黑白对比的图案毫无疑问便是最醒目的标识。

在南极这个黑白世界中，黑白色的虎鲸没有走"萌系路线"，而是青睐激烈的战斗，弱者才需要纯粹的安乐窝。虎鲸的生存手段虽然残忍，却是它骄傲性格的最好注解。

罗斯海虎鲸（南极 C 型虎鲸）

扫码观看

南 / 北极：极地处处有"鲸"喜

时　间：2012—2017 年
地　点：北极斯瓦尔巴群岛（Svalbard Archipelago）
　　　　南极半岛（Antarctic Peninsula）
关键词：蓝鲸、长须鲸、白鲸、小须鲸

　　我在世界尽头的寒冷海域中认识了各种各样的鲸。航行中，我常在甲板上流连，有时甚至会是船上最先发现鲸的人。然而，环顾四周，却无人分享我的喜悦。雪山，浮冰，天地间，只有我和远处静静游弋的鲸，不由得相信它仅是为我而出现的。

▼ 雪山下，南极半岛海域的座头鲸群正在捕食

极地航行开启了我的观鲸生涯。虽然北极的经历没有南极那般精彩，我却幸运地遇见了世界上最大的动物——蓝鲸（Blue Whale）以及优雅漂亮的白鲸（Beluga）。两次竟然还都在同一个地方：斯瓦尔巴群岛的红孙峡湾（Hornsund Fjord）。

2012 年，我第一次来到斯瓦尔巴群岛，沿着斯匹次卑尔根岛西部航行，一路上没有看到鲸的踪影，却看到许多捕鲸站遗址，甚至还有一座恐怖的"白鲸坟场"。这些风光优美的峡湾中竟隐藏着这么多不为人知的"罪恶"。16 世纪中期，航海家和探险者便涉足北极，17 世纪开始大规模的商业捕鲸。在捕鲸时代，斯瓦尔巴群岛和格陵兰岛周围水域中的鲸几乎被捕杀殆尽。以弓头鲸（Bowhead Whale）为例，这是所有须鲸中唯一常年生活在北极及附近水域中的鲸，在人类开始捕鲸之前，北方水域中估计有 5 万多头，现在仅剩下了数千头。

终于，当行程接近尾声，邮轮行至红孙峡湾附近时，上午 9 点半左右，船上广播说前方发现了小须鲸。我远远望见海面上有水柱喷出，而且不止一根。小须鲸的黑色流线型脊背露出海面。这是一种行为十分低调的鲸，身长不到 10 米，很少翻尾，更难让人看到头部，永远都是露出一个浅浅的脊背。观者也兴趣索然。

晚上 11 点多，广播里说鲸又出现了。顶着猛烈的海风，我再次来到船头。这次的距离更远了，海平面上出现了三四根水柱，垂直向上，强劲有力，上粗下细，看高度应该是体形不小的鲸。在凛冽的寒风中，我坚持了 40 多分钟，看它们似乎没有游近的意思便放弃了。最执着的几个德国客人一直站在船头等待，他们的耐心得到了回报。第二天早餐时，听说那些鲸后来游到船的附近，竟然是难得一见的蓝鲸（北蓝鲸亚种），我顿时感觉自己与"大奖"擦身而过。

5 年后，我重返斯瓦尔巴群岛，一路上天气都不理想，阴天还伴随着小雨和大雾，这样的天气让人的情绪很低落。2017 年 8 月 8 日傍晚，昏暗的天空下，空寥的海面上，突然升起一根高高的水柱，蓝鲸现身了。那一刻像极了世界末日：在墨色的大海和乌云之间，只剩下一头蓝鲸，水柱孤独地喷出，到达顶部后如礼花般散开，却无人喝彩。蓝鲸缓缓地翻了个尾，展示了下那个和庞大身躯不太相称的秀气的扇形尾巴，便消失在苍茫中。四周陷入一片沉寂。一想到这个世界上最大的动物没有牙齿，只吃磷虾，我便觉得造物主是如此不可思议。

忧郁的心情被后来出现的一群白鲸改变了。5 天后，进入红孙峡湾，这时船长广播说有白鲸，我立刻飞奔到甲板上。只见六七头白鲸正贴着海岸活泼地前进，纯白的身体使得它们很容易暴露。我可以清楚地看到白鲸向外隆起的额头，嘴喙很短，唇线却很宽。成年白鲸的身长不过三四米，群体中还有一头 1 米多长的幼鲸。我们沿着海岸，慢慢地尾随着这群白鲸半个多小时，船长才掉头返回主航道。

这是我第一次在野外见到白鲸——海洋中最聪明的动物之一。白鲸有着极高的语言天赋，非常"健谈"，会发出"唧唧"声、尖叫声以及"吱吱"声与同伴交流，被形象地称为"海中金丝雀"。全世界白鲸的数量在 10 万头左右，主要生活在北冰洋及其周围的海域中，以中小型

▲ 白鲸群沿着岸边游弋

鱼类、无脊椎动物等为食，自然界中最大的敌人是虎鲸和北极熊，但都不如人类对它的伤害大。17 世纪以来，捕鲸者对白鲸进行了疯狂捕杀，致使白鲸数量锐减。到了现代，捕鲸时代总算结束了，然而生态环境又遭到破坏，它的境遇依旧不乐观。

2013 年，我曾在温哥华水族馆透过巨大的玻璃观赏白鲸可爱的容貌和曼妙的泳姿。白鲸奥罗拉和它的孩子琦拉曾是温哥华水族馆里的明星，然而 2016 年它们相继在 30 岁和 21 岁的青壮年时期死亡。此后，温哥华水族馆决定永久停止鲸豚表演，并将馆中剩余的白鲸送往国外栖息地。2019 年，加拿大终于通过了《鲸和海豚囚禁法案》，禁止圈养鲸豚等鲸目动物，并禁止利用它们进行娱乐表演。该法案还禁止这些动物的进出口。没有比这个消息更令人感到欣慰和鼓舞的。人类的一小步，却是鲸豚家族生存希望的一大步。

同样也曾是商业捕鲸的受害者之一，在禁捕令颁布后数量快速增加的南极长须鲸（Fin Whale），是仅次于蓝鲸的世界第二大哺乳动物，纺锤形的身体最长可达 27 米。最富有戏剧性的一幕发生在 2017 年 11 月的航行中，地点是靠近南极半岛的开阔海域。这一次不是一头长须鲸，而是一群，多达 40 多头。这是我在极地航行中见过的最大鲸群，兴奋之情不言而喻。据说由于禁捕，长须鲸已经从濒危降到了易危。今天看到如此多的长须鲸，让人对它们的未来充满了希望。

觅食中的长须鲸很活跃，一头长须鲸游到距离我们的船不到 50 米的地方，可以清楚地看到长须鲸的头部呈三角形，头上的纵脊和头部后方有灰白色人字纹，小背鳍后面有一个明显的脊，因此也被称作"剃刀鲸"（Razorback）。它在侧身时刚好露出右边。我注意到了一个不寻常的特征：长须鲸头部的颜色不对称，右下颚的下唇、口腔以及鲸须的一部分是白色，左下颌全部都是灰色。

在南极航行中我们常遇到南极小须鲸（Antarctic Minke Whale，也称为南方小须鲸）。由于数量较多，它是日本商业捕鲸船最常捕获的鲸。每年 11 月到次年 1 月，很容易在南极见到小须鲸，但在那之后就消失得无影无踪了，据说是北上到了巴西和澳大利亚海域，总之是个谜。

正因为极地处处有"鲸"喜，我们更要爱护好这片海洋，为子孙后代留住这份"鲸"喜。

亚南极海豚秀

时　间：2013 年 12 月、2018 年 10 月、2019 年 3 月
地　点：马尔维纳斯群岛（Malvinas Islands）
　　　　新西兰南岛（South Island，New Zealand）
　　　　比格尔水道（Beagle Channel）
关键词：花斑喙头海豚、暗色斑纹海豚、皮氏斑纹海豚

　　航行至亚南极海域，平静的大海上，一群海豚的出现让众人又惊又喜。它们无忧无虑、成群结伴地在碧海中翻滚前行，流线型的身体有力地推开海浪，跃出水面时曲线优美柔和，身上的水花在阳光下熠熠生辉。忘记水族馆里的海豚表演吧，它们最好的秀场是大海。

▼ 马尔维纳斯群岛周围海域常见的花斑喙头海豚

2018 年 10 月，我在阿根廷瓦尔德斯半岛（Valdes Peninsula）的玛德琳港（Puerto Madryn）上船，开始一段不同寻常的南极之旅。荷兰泛海探险邮轮公司的极地船"奥特陆斯号"已经有些年头了。作为 2018 至 2019 年度的第一个南极航次，它将前往马尔维纳斯群岛（英国称福克兰群岛）展开为期 10 天的环岛航行，这是一条专为观鸟人定制的特别线路，四五年才组织一次。

抵达目的地之前，我们沿着阿根廷东海岸航行了两天。由于船上都是观鸟爱好者，甲板上经常挤满了拿着望远镜的游客。除了海鸟，鲸豚也同样令人期待。一次，我们看到一群海豚。由于距离较远，关于它们到底是皮氏斑纹海豚（Peales Dolphin）还是暗色斑纹海豚（Dusky Dolphin），大家争论不休。两者极为相似，都是这片海域的常客，差别在于皮氏斑纹海豚体侧只有一道条纹，而脸部与喉部皆呈深色。麦哲伦海峡中皮氏斑纹海豚最多，这种仅分布在南美洲南端的神秘海洋生物因身上的白色斑块像沙漏而得名。好在船上有位来自英国海洋保护组织（ORCA）的研究人员，在他的帮助下，最后对比图片我们确定是后者。商业极地邮轮每年都会为国际海洋保护和研究机构的工作人员提供免费名额，他们在工作之余也为游客开设相关讲座。

群岛中的西点岛（West Point Island）遇见海豚的概率很高，尤其是花斑喙头海豚（Commerson's Dolphin）。登陆的冲锋艇吸引了附近游弋的一群花斑喙头海豚，它们护送着小艇一趟又一趟往返于大船和岸边，乐此不疲。驾驶冲锋艇的船员和它们做起了游戏，一次又一次转圈，花斑喙头海豚紧追不舍。能和人类如此互动的野生动物可不多。

花斑喙头海豚是 1767 年由法国博物学家菲利伯特·康默森（Philibert Commerson）发现并命名的。当时，他乘坐的邮轮正航行在阿根廷最南端的麦哲伦海峡。看到这些顽皮的海豚在船边逐浪时，他立刻意识到这是一个尚未被人类所知的新物种。从那之后，人们才开始关注起这种海豚。然而南极海域辽阔，海洋动物的活动范围又广，追踪观察的难度很大。人们目前仅知道它分布在南美的大西洋沿岸（阿根廷、智利、火地岛、南乔治亚岛、马尔维纳斯群岛、法属凯尔盖朗群岛等周边海域），喜欢浅海环境，栖息于沿海岸线的港口、海湾及河口区域（水温通常为 1～16 摄氏度），能潜水近 200 米深。

我第一次见到这种"两头黑、中间白"的海豚时，感觉很有趣。它的体形较小，体长在 1.5 米左右；喙与额部的界限不清，看起来好像没有喙；头部呈黑色，背鳍至尾鳍间也呈黑色，被形象地称为"熊猫海豚"。这种体色可以起到良好的伪装作用，从水中看时海豚的身体好像分成了两个部分。海豚都是天生的"杂耍演员"，花斑喙头海豚以擅长驾驭波浪、极速游泳闻名。它在水中腾跃时花样百出：垂直起跃、腹部朝上仰泳、直起身体在水中旋转。大自然才是它最好的舞台。

2018 年 1 月，结束南极三岛的航行，我再次经过德雷克海峡。船只驶入风平浪静的比格尔水道时，众多海鸟与海洋哺乳动物热烈地欢迎着我们。麦哲伦企鹅、黑眉信天翁以及暗色斑纹海豚一起打破了我旅途中的平静。那也是我第一次在这个水域见到海豚的身影。

海豚天性好奇，有些很乐于接近船只与人类，船首冲浪是它喜欢的游戏方式。2019 年 3 月，在新西兰—亚南极航行中，又是暗色斑纹海豚给了我们一个大大的惊喜。航行接近尾声，进入新西兰南岛东部海域时，我们的视野中突然出现了一大群暗色斑纹海豚，有三四十条之多，兴奋地在船首劈波逐浪。我趴在甲板上探出身去，看它们紧贴着船底快速游动。航行中，船体周围会形成一个压力圈，产生压力波和压力流。此时顺着波浪的方向前行，海豚可以大大减少体力消耗，轻松地冲浪玩耍。

被达尔文命名为"Fitzroy Dolphin"的暗色斑纹海豚的分布范围较广，在南美、非洲南部、大洋洲的温暖海域都能见到这种中等体形的海豚的身影。它的喙部不明显，背及尾鳍呈蓝黑色，肋侧到尾叶的对角区域有一条深色斑带，眼部下方至鳍状肢之间有灰色斑块，尾到背鳍之间有两条淡灰色条纹。暗色斑纹海豚最擅长空中绝技，尤其是高跃与空中翻转。有时七八条间隔均匀地排成一列，并肩跃出，如银剑般炫目，划出一道道完美的圆弧，赢得一片赞叹。这群暗色斑纹海豚一直伴游至新西兰近海，才依依不舍地与我们告别。

新西兰原住民毛利人自古就与海洋哺乳动物有着亲密的关系，他们将海豚称为"Taniwha"（水精灵）。当地流传着许多关于海豚的传奇故事，比如引导迷路的船只、搭救溺水者。每当在茫茫大海上看到它们时，我的心中总有某些东西被唤醒，那是一股来自海洋的温暖力量。

▼ 花斑喙头海豚喜欢追逐冲锋艇

接近新西兰南岛时，一群暗色斑纹海豚欢快地追随着大船

加拿大：世界上最棒的观鲸之旅

时　间：2013 年 10 月、2017 年 7 月

地　点：温哥华岛（Vancouver Island）

　　　　纽芬兰岛（Newfoundland）

关键词：座头鲸、虎鲸

　　在 20 世纪后期结束商业捕鲸后，如今加拿大已发展成为世界最佳观鲸地之一。我分别在加拿大东岸的纽芬兰岛和西部的温哥华岛与海洋巨兽们有过美妙的邂逅。

▼ 浮窥是虎鲸的典型行为之一

对于没有机会进行远洋航行的朋友来说，加拿大是非常理想的近岸观鲸地。2013 年 10 月，我在最美的秋季来到加拿大。在为期一个月的旅行中，不列颠哥伦比亚省（British Columbia）的温哥华岛（Vancouver Island）成了我的"观鲸大本营"，3 次出海收获都很多。这里有四五家观鲸公司，观鲸船的硬件设施很好，观鲸员专业，而且充满激情。更重要的是，那里的鲸也很"配合"。

温哥华岛是北美西部拥有最长海岸线的岛屿，西临太平洋，东岸是乔治亚海峡和大大小小的海湾，得天独厚的地理环境使这里成为鲸觅食繁衍的理想场所，灰鲸、虎鲸和座头鲸的迁徙路线都位于这片海域之中。温哥华岛从北到南分布着许多赏鲸城镇，最有名的当属托菲诺（Tofino），它位于克拉阔特湾生物圈保护区（Clayoquot Sound Biosphere Reserve）内。每年三四月间，这里都会迎来这个星球上最壮观的迁徙盛况，近两万头灰鲸经过托菲诺，从其冬季家园墨西哥的巴哈半岛迁徙至北极，在此期间，当地人还会举办"太平洋沿岸鲸节"。然而 10 月中，灰鲸迁徙已经结束，如果只看座头鲸和虎鲸，那么在不列颠哥伦比亚省的首府维多利亚（Victoria）更方便，观鲸期比其他地方还要长些，一直到 10 月底。我正好赶上了尾声。

观鲸之旅从维多利亚市中心的帝后饭店前的苏克湾码头开始，有两种船可供选择。普通观鲸船是封闭式的玻璃隔舱大船，可以容纳七八十人，挡风避雨，比较舒适，但行驶速度较慢。快艇分 25 座与 12 座两种，更加灵活，速度快，缺点是人完全暴露在外，要忍受寒冷的海风，好在船方提供全套防寒服。我选择了全程约 3 小时的快艇，帽子、手套、围脖一个都不能少，把自己裹成一头熊。观鲸船上配有声呐仪，可以准确地定位鲸的位置，甚至判断鲸的种类。

"每当看到鲸时，我都会默默祈祷，跳出水面吧！"资深的观鲸向导老乔治很风趣。他在维多利亚做观鲸员已经有 14 年了，所服务的观鲸公司成立于 1995 年，是当地经营时间最长、口碑最好的一家。船上的游客来自不同国家：澳大利亚、荷兰、奥地利……我是唯一的中国人。

海面上风平浪静。在温暖的阳光下，我们向着鲸活动频繁的约翰斯通海峡（Johnstone Strait）驶去。由于洋流潮汐差，这片海域盛产大比目鱼和鲑鱼。路上，老乔治告诉我们，有 3 个虎鲸族群大约 80 头会定期到这个海域度过夏季。虎鲸尚未露面，北海狮（Steller Sea Lion）和加利福尼亚海狮（California Sea Lion）却先出场了。行至瑞斯礁（Race Rocks），远远便看到礁岩上趴满海狮，叫声此起彼伏，北海狮的体形更大。附近水域中还有很多斑海豹。"欢迎来到虎鲸的餐厅。"老乔治打趣说。对于以海洋哺乳动物为食的过客型虎鲸，海狮和海豹的栖息地堪称五星级餐厅。

和南极虎鲸一样，北半球的虎鲸也划分出了 5 个生态型：居留鲸（Resident）、过客鲸（Transient）、远洋鲸（Offshore）以及北大西洋 I 型和 II 型虎鲸。"你吃什么，决定你成为谁。"居留鲸以鲑鱼为食；在远洋鲸（离岸型）的食谱中，鲨鱼占了不小的比例；过客鲸的曝光度极高，但研究甚少，它主要吃海洋哺乳动物；北大西洋 I 型虎鲸爱吃鱼，II 型虎鲸以海豹为食，种群最大。食性决定了虎鲸的行为和捕食策略，从而构建各自的不同结构，再通过成员的学习逐渐强化不同群体之间的差异，最终形成不同的生态型。

加拿大近海常见的虎鲸是过客型和居留型两种。居留鲸被罗布森湾（Robson Bight）生态保护区丰富的鲑鱼吸引，有 200 多头定居在此。它们经常用光滑的卵石摩擦背部，据说这些虎鲸是唯一会使用"磨背石"的鲸类。过客鲸捕食海豹甚至其他鲸。"每天这里都会出现新面孔，因为海峡是一条重要的南北水道，观鲸一年四季都可以进行，只是 10 月以后天气太冷了，对于游客来说更辛苦。"老乔治的话音未落，不远处的海域中便出现了虎鲸的身影，一群跳跃式前进的黑白身影快速穿梭在海面上。

这是一个虎鲸家族，有十三四头，属于维多利亚南方海域里的居留鲸。它们正在进行集体狩猎，鲸群形成包围圈，将鱼群赶在中间。虎鲸大动作地跃出水面、翻滚、落下，令人眼花缭乱。海鸟们也聚集过来，上下飞舞，企图分些战利品。只见一头虎鲸将身体竖直，头部与胸鳍扬升出水，以胸鳍拍击水面，像个大充气娃娃，再逐渐下沉，隐没于海中。原来这正是虎鲸的一种特殊技能：浮窥，以便更好地观察四周环境或者猎捕对象的情况。眼看一头虎鲸背鳍高耸，在喷出的水柱裏挟下杀气腾腾直奔我们的小艇而来，我不禁有些担心。它不会撞翻小艇吧？越来越近，快到跟前时，虎鲸突然潜入水底，从我们的船下游了过去，大家这才松了口气。

维多利亚出海观鲸意犹未尽，接下来我的观鲸之旅移师温哥华。这里也有多家观鲸公司，我选择了两家："温哥华野性之鲸"（Wild Whales Vancouver）公司和"温哥华观鲸旅行"（Vancouver Whale Watch）公司。因为距离鲸活动频繁的海域远，这两家的观鲸时间都需要一整天，前者竟然长达 7 小时，后者也要 5 小时。观鲸快艇在海上颠簸了两小时后驶入目标区域，竟然又回到了维多利亚的观鲸海域。不久，我便看到距离岸边不远的水面上出现了一对座头鲸母子。驾驶员关掉快艇发动机，但没有靠近。按照规定，人类不可以干扰带幼鲸的雌鲸，除非它们自己游近了。座头鲸母子在我们周围足足徘徊了半个多小时。幼鲸紧跟着雌鲸，雌鲸翻尾，它也跟着翻尾。两条鲸尾挨在一起，协调一致，雌鲸与幼鲸之间的亲密关系足以证明这些聪明的海洋哺乳动物有着复杂的情感。

"温哥华观鲸旅行"公司的观鲸船更大更舒适。这条路线经过美丽的高尔夫群岛（Gulf Islands），沿着乔治亚海峡进入太平洋。从海面上远远望见一只目光威严的白头海雕，这只"城市新移民"很聪明地将巢穴建在了岛上的一处太阳能板的架子上。当座头鲸现身时，背景是郁郁葱葱的森林与奇峻山峦，这恐怕是加拿大观鲸独有的景致吧。

2017 年 7 月，我乘坐极地探险邮轮越过大西洋，第二次进入加拿大，沿着东部的纽芬兰与拉布拉多省（Newfoundland and Labrador）向南航行，终点是首府圣约翰斯（St. John's）。我在来之前了解到这里也是著名的观鲸地，下船后便预订了公牛湾（Bulls Bay）的出海一日游。观鲸海域位于维特利斯湾生态保护区（Witless Bay Ecological Reserve），附近有 4 座分别名为吉尔、格林、格瑞特和佩佩的岛屿，是成千上万只海鸟的家园。6 到 8 月正是海鸟的繁殖期，据说这里聚集了 100 多万只北大西洋海鹦（Atlantic Puffin），还有不计其数的厚嘴崖海鸦。直到 9 月下旬，它们才陆续飞走。

这次与座头鲸的邂逅更加震撼，我们遇到了鲸群。座头鲸直接游到了船边，巨大的鳍状肢在水下泛着莹莹绿光，头部清晰可见，甚至能闻见它身上散发出的海腥味。看着宽阔厚实的黑色鲸背，怎能不想骑鲸遁沧海，逍遥如神仙？正在沉思中，远处一头鲸突然全身跃出水面，伴随着巨大的溅落声没入水中。生平第一次见到"鲸跃"，足以让我铭记一辈子。顺便称赞下船上的观鲸员，他在全程解说中充满激情，时不时来点幽默的小段子，在鲸最活跃的时刻甚至还唱起了歌谣。每天都可以与大自然为伴，世界上最幸福的职业莫过于此。

然而，加拿大人与鲸的关系并非一直如此和睦。一个世纪之前，加拿大人还将鲸列为捕杀对象。1967 年，西部捕鲸公司的关闭标志着不列颠哥伦比亚省海域捕鲸史的结束。直到 1972 至 1973 年间，加拿大和美国才正式停止商业捕鲸行为。鲸作为受保护物种，终于在北美逃脱了被滥杀的命运，自由徜徉于碧波白浪之中。

这里要特别推荐一本我非常喜欢的书《倾听鲸语：探索神奇的虎鲸世界》，作者是美国生物学家、海洋哺乳动物学家亚历山德拉·莫顿（Alexandra Morton）。从 1976 年起，她一直从事海洋哺乳动物研究，常年居住在加拿大不列颠哥伦比亚省海岸一个偏僻的小海湾，研究和记录各种虎鲸的声音与生活习性。书中，她温暖而生动的描述深深地打动了我。虽不懂鲸语，但我听懂了她的心声。

虎鲸群的出现通常都很有气势

扫码观看

冰岛：北纬 66° 观鲸记

时　　间：2012—2015 年
地　　点：胡萨维克（Húsavík）
　　　　　西人岛（Westman Islands）
关键词：座头鲸、虎鲸

　　冰岛，我生平第一次参加观鲸团，却一无所获。第二次转战"欧洲观鲸之都"胡萨维克，依旧令人失望。两年后我却在环冰岛航行中，于南部的西人岛遭遇了一场罕见的虎鲸群围捕座头鲸的大战，大自然就是这样难以预料。

▼ 座头鲸遭到虎鲸群追赶，不断下潜，试图逃逸

　　2012 年 7 月的一个清晨，冰岛首都雷克雅未克（Reykjavik）的港口异常热闹，小小的码头上竟然挤了四五家观鲸公司，广告牌摆满了便道两侧。工作人员正在卖力地派发宣传单，除了推销观鲸船，还有反对捕鲸的宣传单。这种直接抗议捕鲸活动的场面在其他国家难得一见，因为冰岛是商业捕鲸合法化的少数国家之一。鲸是观鲸旅游和商业捕鲸的共同对象，后者不仅减少了可供开展观鲸旅游的鲸的数量，而且会影响乃至改变鲸的迁徙行为。观鲸业者与他们势不两立。

　　早上 8 点整，我们预订的观鲸船准时驶出法赫萨湾（Faxaflói Bay）。冰岛的夏季，海风依旧吹得人瑟瑟发抖。虽然阳光灿烂，今天的海浪却不小。一群北大西洋海鹦快速从海面上掠过，它们的栖息地就在不远处的一个岛礁上。不知道是不是因为风浪比较大，我们在海上转悠了两个钟头，连个鲸的影子都没有看到。据说冰岛观鲸概率为 98%，很不幸，今天我们成了剩下的 2%。下船后，工作人员为了安抚大家，说每个人可以免费再参加一次。然而，第二天我们还有其他行程，只能遗憾地错过了与冰岛鲸的首次"见面会"。

　　回到雷克雅未克市中心的商业区，我和朋友走进一家当地有名的餐厅，里面坐满了来自世界各地的游客。打开菜单，你会发现带有"Hvál/Hvalur"字样的菜肴，就是鲸肉。或许游客们满怀好奇品尝的正是前些日子他们在大海上惊喜地看到的那头鲸。对于一个捕鲸合法化的国家来说，观鲸业与提供鲸肉的餐厅都在默默地为冰岛旅游业做着贡献，虽然两者有着截然不同的立场。国际爱护动物基金会（IFAW）曾经在冰岛发起一项活动："Meet us, Don't eat us"（遇见，而不是吃掉我们）。这一活动成功地说服了 60 家冰岛餐厅承诺做"鲸友好"（Whale Friendly）餐厅，10 万游客和本地人一起签署请愿书，反对冰岛的鲸肉消费，推动观鲸业的发展。对于鲸而言，全然不知人类世界因为它而发起的斗争。

　　我依然期待着在大自然中与鲸的相遇，而非餐桌上。两年后回到冰岛，这次我决定换个地方试试运气。位于北纬 66° 附近的小镇胡萨维克（Húsavík）是个 2500 人左右的古老渔港。公元 860 年，全冰岛第一座房屋诞生在此。自 1995 年首次开展观鲸旅游以来，如今这里已成为欧洲知名的"观鲸之都"。每年的观鲸季从 6 月 1 日开始，每天有 8 个班次的观鲸船从胡萨维克出发，一直持续到 9 月。

　　胡萨维克有 3 家观鲸公司，价格和航线都差不多，提供 3 种服务项目：大型船观鲸、观鲸加观海鹦和快艇观鲸。最后一项的体验最好，但要求达到一定人数才可以成行。由于观鲸季刚刚开始，游客还不多，目前只有一家公司的传统大型船在运营，我预订了第二天晚上的最后一班。码头上，我们和当地人打听出海观鲸的时间，无意中得知第二天竟然是冰岛的"渔夫节"（Seafarers' Day）。这是这个渔业国家的传统节日之一。每年 6 月的第一个周日，冰岛各地渔村港口的大小船只都会升起国旗，人们彻夜喝酒狂欢。

　　"渔夫节"这天，我们准时出海，加上我也只有 8 个客人。傍晚的气温降到 10 摄氏度左右，船方提供了保暖的连体防寒服。观鲸船上配有经验丰富的观鲸员，他站在制高点，看到鲸时大声报告它的位置。这次的观鲸员是个 20 岁左右的小伙子，他上来先讲解一番海洋动物的知识并指导大家如何观鲸。这一海域可以看到座头鲸、小须鲸、鼠海豚等。船驶向斯乔尔万迪湾（Skjálfandi Bay），开始寻找那些害羞、腼腆的鲸。

出海后不久，天上便下起了小雨，大海变成了灰黑色。转悠了一小时，终于发现了鲸的踪迹。"船头左侧 10 点钟方向。"观鲸员通常不是以东西南北来指引你观看的方向，而是以船头为基点，根据时钟指针来指示方位。在前方的海面上，我看到了露出水面的黑色脊背，那是一头小须鲸。在接下来的一小时里，这片区域始终是这头小须鲸的天下，它独自游来游去。旁边的两个奥地利女孩开始调侃起来："这头鲸不会和你们认识吧？"观鲸员有些不好意思，只好抱歉地说现在太晚了，其他鲸都"下班"了，留下这头值夜班。不管怎样，总算是看到了。

两次观鲸都不理想，本以为从此和冰岛的鲸无缘了。2015 年 5 月，我再次登上极地邮轮"前进号"，开始环冰岛航行。这一次在胡萨维克看到了两头座头鲸，更精彩的故事还在后面。航行至冰岛南部的西人岛附近时，那里有一处世界自然遗产——苏特塞岛（Surtsey Island）。这座远离冰岛南海岸线的火山岛，是 1963 至 1967 年间海底火山喷发形成的一座新岛屿。由于自然阻隔，远离外界干扰，岛上生态环境的演变让科学家意识到这里可以成为地球生态系统之外的一个特殊实验室，因而被列入世界自然遗产名录，除科研人员外一律不准登岛。

邮轮围绕这座神奇的火山岛航行，可以清楚地看到岛上火山喷发后留下的痕迹。然而转到岛的另一侧，前方突然出现了鲸，不是一头，也不是一种，而是几头虎鲸和一头座头鲸。原来这群虎鲸正在围捕座头鲸，我们竟然赶上了一场海洋界的"大追杀"。座头鲸虽体形巨大，但性情温顺，如果是群体行动，哪怕只有两三头，虎鲸也不敢贸然侵犯，怎奈这头独行的座头鲸被一群长满锋利牙齿的虎鲸包围了。它们素有捕食须鲸的"恶名"（食谱中包括蓝鲸、长须鲸和座头鲸等），很多座头鲸身上都有虎鲸的咬痕。

这次虎鲸采取的依旧是它们擅长的群攻策略。两头虎鲸一左一右试图将座头鲸逼到岸边的浅水区搁浅。座头鲸拼命想脱身，几次翻尾下潜，都不太奏效。于是，它不得不奋起反击，拍打尾部进行防御。虎鲸不依不饶，紧追不舍。众人屏住呼吸，紧张地注视着面前的这场生死较量。一只北鲣鸟从头顶飞过，试图在这场大战掀起的海浪中捞得一些好处——通常混战会将鱼虾带到水面上。

一个多小时过去了，座头鲸始终没有能够摆脱虎鲸的纠缠，但我们必须离开了。没有人知道这场大战的结局，留个悬念也好。其实自然界每天都在上演各种精彩的故事，我们只是侥幸目睹了其中某个片段而已。

阿根廷瓦尔德斯半岛：南露脊鲸的摇篮

时　　间：2015 年 11 月、2018 年 10 月
地　　点：瓦尔德斯半岛（Valdez Peninsula）
关键词：南露脊鲸

从捕鲸到观鲸，经过半个多世纪的人鲸共生探索，海洋生态保护终于替代杀戮，成为阿根廷瓦尔德斯半岛的强势文化。当地人深知，人与大海和谐相处，海洋动物与人类彼此信任，才能让造福各方的生态旅游业持续发展。

▼ 南露脊鲸母子在近岸处游弋

瓦尔德斯半岛在哪里？打开南美地图，你会发现阿根廷南部丘布特省（Chubut）的东北沿海有个状如锤子的半岛伸入浩瀚的大西洋，狭窄的阿梅吉诺地峡（Ameghino Isthmus）如同锤子的手柄，连接着半岛与南美大陆。"作为全球海洋哺乳动物资源的重点保护区，这里是濒危的南露脊鲸的庇护地，也是南象海豹（Southern Elephant-seal）和南海狮（Southern Sea Lion）繁衍生息的理想场所。这个地区的逆戟鲸（即虎鲸）还会采取独特的战略进行捕猎。"基于上述原因，1999 年瓦尔德斯半岛被列入世界自然遗产名录，成为这个星球上又一个自然传奇之地。

从阿根廷首都布宜诺斯艾利斯起飞，一个半小时后飞机降落在玛德琳港（Puerto Madryn）。这里是前往瓦尔德斯半岛的门户。11 月，南半球已经进入了夏季，气温接近 30 摄氏度，灿烂的阳光让人睁不开眼。国家公园里 90% 的地形是高原，干燥、荒凉、多风，属于典型的冻土草原气候。海风驱散了热气，气温也随之降了下来。放眼望去，灌木荆棘丛生，竟没有一株高大的树木。海岸被海水侵蚀成斜坡，每当强劲的海风吹来时，草丛便刷刷作响，好一个萧杀沉寂的世界。

半岛两侧有 3 处海湾，湾内风平浪静，水温适宜，巴西暖流和马尔维纳斯寒流在此交汇，为大量的浮游生物、海藻和贝类提供了良好的生存环境，也为众多海洋生物提供了充足的食物。海滩上，成群的海豹正在晒日光浴，我的目光被一头可爱的小海豹吸引过去。它闭着眼，时而双鳍交叉放在肚皮上，时而惬意地伸着懒腰，正沉浸在美梦中。这些都是当年出生的象海豹幼崽。以前我一直以为它们生活在寒冷的亚南极，没想到瓦尔德斯半岛这样温暖的地方也有。

海岸边矗立着一座座巨大的锥形石丘，看上去好像埃及的金字塔。这里被称作"金字塔角"（Punta Piramedes），对面便是波涛汹涌的大西洋。南海狮占据了岸上的有利地形。从每年 12 月开始，成群的雄海狮先回到岸上，等待雌海狮的到来，一场守卫领地的战斗不可避免。这些体形硕大的家伙看起来不太好惹，雄海狮身长达 3 米，体重可达 350 千克。此时的它们非常暴躁，不断咆哮着。

每年 9 月初到 10 月，瓦尔德斯半岛附近海域都会迎来一批体长可达 18 米的"贵客"——南露脊鲸（Southern Right Whale）。数千头生活在南极海域的南露脊鲸纷纷北上避寒，在位于温带水域的半岛海湾交配产崽。露脊鲸属于须鲸亚目，目前在全世界仅存 3 个种群：北大西洋露脊鲸、北太平洋露脊鲸和分布在南半球大西洋地区的南露脊鲸。露脊鲸的个头在鲸家族中排名第四，南、北露脊鲸外表的差别不大。"Right Whale"这个名字背后却是它悲惨命运的写照："适宜"（Right）被捕杀的鲸。由于这种鲸的游速慢且靠近海岸，被杀死后尸体还会浮在水面上。几个世纪以来，在捕鲸者的眼中，它是最易于捕杀的鲸。全世界露脊鲸的数量仅剩不到 8000 头，目前这一数字还在不断下降。20 世纪末，世界自然保护联盟就已经将露脊鲸列入了"濒危物种红色名录"。

一头南露脊鲸幼崽跃出海面

上午 10 点，我们搭乘观鲸船从金字塔角出海。"今年海湾里大概来了 1500 头鲸，现在大部分南露脊鲸已经完成繁殖，返回大海深处了，岸边估计还剩二三百头吧，到月底也差不多都该走了。"向导告诉大家。鲸的妊娠期长达 11 到 12 个月之久，每次只产一头幼鲸。新出生的幼鲸体长可达 5 ~ 6 米，至少需要哺乳 6 个月。截至 10 月底，海湾里已经多了 100 多头幼鲸。当它们几个月大的时候，鲸群就会慢慢地向南迁徙，到达亚南极海域。

15 分钟后，南露脊鲸现身了，我们先后发现了 3 头。它们的黑色身体上没有背鳍，头部有一些灰白色的瘤状隆起，喷出的水柱是独特的 V 形，很容易辨认。幼鲸在距离岸边不远的浅水区活动，那里的深度只有 7 米，这对于出生不久、肺功能尚未发育完全的幼鲸来说再合适不过了。顺便说一下，成年雄性露脊鲸的性器官重达 500 千克，是动物界中最大的。

平静的海面上，百米开外，一头鲸突然跃出，画出一道漂亮的弧线，又重重地落下，水花四溅。正当我为没抓拍下这个难得的镜头而遗憾时，向导示意我准备好相机，盯着他手指的海域。果然鲸又一次出水，这次终于拍到了：巨大的身躯犹如擎天柱冲向天空，可以清楚地看到它腹部的大块白斑。这是头幼鲸。据说某些幼鲸甚至完全是白色的，成年后这些白斑会逐渐消失。除了跃出海面，调皮的幼鲸还喜欢用尾鳍击打水面，巨大的尾巴高耸出水达数秒之久。它在用这种方式表达欢乐？还是在和同类沟通？几头幼鲸正在一处玩耍，其中一头的妈妈回来了。海面上传来雌鲸低沉、悠扬的鸣叫，鲸鸣在几千米外都可以听到，像是长长的呻吟。听到妈妈发出的信号，幼鲸告别小伙伴，游回到它的身边。鲸母子一起畅游，一起翻尾，羡煞众人。

由于这里是鲸的繁殖海域，对观鲸船的规定很严格，毕竟海湾里的幼鲸太多了。除了不可以大声喧哗、不允许投喂、靠近时必须熄火等常规要求外，还禁止两艘船同时接近一头鲸，避免给它造成压力。如今，瓦尔德斯半岛的观鲸业已经成为深受欢迎的旅游项目，是阿根廷旅游产业与生态保护相互促进的一个典范。自从成立国家级自然保护区后，政府规定土地只能用于放牧和自然保护，过去捕杀鲸和海豹的渔民纷纷改行做了导游和司机，有的还申请了观鲸旅游特许经营执照，成为半岛生态重要的保护者。

转眼 3 年过去了，2018 年 10 月，我乘坐的极地邮轮刚好从瓦尔德斯半岛启航，于是我提前两天过来，想再会会老朋友。从市区打车径直来到金字塔角，站在观景台上，我远远看到海面上有两三头尚未离去的南露脊鲸。耳边风呼呼作响，眼前又浮现出幼鲸动人的"舞蹈"，向我们传递着来自海洋深处的神秘信息。年复一年，瓦尔德斯半岛为它们提供了一个温暖和安全的港湾，这些海洋巨兽也为人们的假期和休闲时光增添了许多乐趣。这里是人鲸共生的典范。

秘鲁：亚马孙河的"粉红诱惑"

时　间：2015 年 12 月、2017 年 10 月、2018 年 3 月
地　点：亚马孙河（Amazon River）
关键词：亚马孙河豚

在食人鲳和凯门鳄充斥的亚马孙河中，一个个粉红色的身影时隐时现。浑浊的水下，树木盘根交错，它们的身体如蛇般蜿蜒，穿行在发酵的茶色淤泥和腐烂植物之间。偶尔，这些粉色幽灵露出气球般的圆脑袋，伸出长喙，向船上的人们投来幽幽的一瞥。

▼ 亚马孙河豚外貌奇异，被印第安人视为神灵

秘鲁境内亚马孙雨林边缘，最大的城市伊基托斯（Iquitos）是进入亚马孙河上游的门户。我先后3次从这里出发进入亚马孙雨林，其中两次乘坐豪华河轮"海豚号"逆流而上，在帕卡亚 – 萨米里亚国家保护区（Pacaya-Samiria National Reserve）中搜寻野生动物。

还未被正式命名为"亚马孙"的上游某些支流河段，出现了罕见的黑水与白水。白中泛黄的河水与深咖色的河水犹如两条带子，随着轮船的行驶，在船舷外翻滚奔腾。白水挟持着黑水，黑波拖曳着白涛，泾渭分明地一路奔流。由于潟湖和岛屿的拖累，相对于湍急的白水，黑水的流速缓慢，它精疲力竭地追了好一阵子才赶上白水的激流。黑水与白水交汇后难改各自的"脾气"，形成一条鲜明界线，自行其道数十千米后才混为一体。河流颜色的差异是由两条支流的流速、矿物质成分、温度和酸碱度不同造成的。

亚马孙河的两条支流在每年一半的时间会淹没沿岸的森林，河水漫入热带雨林，在无边的绿色中嵌入明镜，镜中倒映出蓝天白云。平静的水面下则暗藏玄机。曾几何时，海豚、鲨鱼和大海鲢误将大河当成海洋，随潮水而至，纷纷在河中安居。这些入侵者中包括亚马孙海牛和南美长吻海豚，但最难以捉摸的便是亚马孙河豚（Amazon River Dolphin），当地人俗称为"Boto"。

这些河豚大约在1500万年前的中新世便与其海洋祖先分道扬镳。那时的海平面较高，南美的大部分地方（包括亚马孙盆地）可能不同程度地被海水淹没过。海水退去，亚马孙河豚的祖先却留了下来，逐渐演化出异样的容貌，与鳍状肢动物的外貌大相径庭。

▼ 亚马孙河上游黑水与白水的交汇处

我们到达黑白两河的交汇处，在河豚经常出没的水域，船长关掉发动机。阳光炙热，烤得人受不了。我在燥热下耐心等待，终于看到一个背鳍露出水面，河豚现身了，有两三条。只见它们的头部露出水面，背鳍拱起，真的是粉色。但仔细观察后发现，它们的身体其实是粉色和灰色相间，还有的完全是灰色，偶尔也有蓝灰色或者乳白色的。在地球上现存的河豚中，这种体形最大，据说也最聪明。

两年后，重返亚马孙雨林，航行中一群粉色亚马孙河豚不请自来。它们尾随着河轮，犹如好奇的孩子，久久不肯离去。我站在船尾，看着它们欢快地跃出水面。球状的前额、宽大的鳍状肢、尖而长的喙部，适合在枝蔓缠绕的雨林中捕猎鱼类，或者啄食河泥中的甲壳类动物。长喙和矮胖的体形揭示了它和鲸的亲缘关系。从古海洋鲸类演化而来的河豚仍然保留着强有力的尾鳍。森林被淹没后，水下空间狭窄。为了在混乱不堪的植物之间穿行而不被困住，河豚的颈椎不连在一起，可以旋转 90°。由于大背鳍会妨碍游动，于是流线型的背鳍退化到只剩下一点脊梁，以便适应迷宫似的水下世界。不像海豚，河豚的游速缓慢，跳跃幅度小。

这些萌物的视力很差，因常年栖息在黑暗而浑浊的环境中，眼睛严重退化，它只能依靠头顶上的球状额隆发出超声波，根据回声定位淤泥里的猎物。它主要以鱼类和小动物为食，美味佳肴中包括凶猛的锯脂鲤和电鳗。好在河豚密集而锐利的圆锥形牙齿可以牢牢地固定住这些滑溜溜的猎物。

河豚是适应了淡水生境的鲸类，家族中的其他成员分布在印度的恒河、巴基斯坦的印度河、中国的长江以及阿根廷和乌拉圭之间的拉普拉塔 – 巴拉那河。DNA 研究表明这些河豚的演化时间不同，首先是印度河豚，然后是中国河豚，最后是南美河豚。这是趋同演化的一个例子：地域间隔十万八千里，基因不同的物种为了适应相似的外部环境，越来越趋于同质化。

亚马孙河轮房间内的桌子上放着一份介绍河豚的资料，其中关于印第安人的古老传说吸引了我。在哥伦布发现新大陆之前，关于粉红河豚的传说便在亚马孙河流域流传开来。这种外貌奇特的生物在印第安人的眼中犹如一个神话，被视为河神。传说河豚以鲇鱼做鞋子，水蛇当腰带，鹦鱼为帽，睡在水蟒做的吊床上。印第安人坚信，这些河豚拥有邪恶的神奇力量，比如：在夜里它们会变成英俊的男子诱惑岸上的女孩；年轻女子不可以在河里游泳，因为河豚会让她们怀孕；坐船的小孩都得当心，河豚最喜欢诱拐孩子，将他们带到水下的村庄和城镇去，一旦被带入深水中的河豚世界，那些孩子也会变成河豚。印第安人以此来解释为何会有人在大河和丛林里失踪，他们相信这些河豚是由人类变的，如果愿意，它们还可以变回人，所以从不加以捕杀。

印第安人对亚马孙河豚充满了敬畏。为了在人类的屠刀下存活，河豚或许真的要借助古老的魔法。

堪察加半岛：虎鲸物语

时　　间：2018 年 9 月、2019 年 8 月
地　　点：阿瓦怡湾（Avachinskaya Bay）
关键词：北太平洋虎鲸

　　把虎鲸这种高度社会化和高智慧的物种关在狭小的水族馆中供人类娱乐是一种罪恶。它是这个星球上最不可思议也是最迷人的海洋生物。然而，人类的"魔爪"正在伸向远东地区的北太平洋虎鲸群……

▼ 北太平洋虎鲸跃出海面

"俄罗斯远东地区的纳霍德卡港（Nakhodka）赫然出现了一座'鲸鱼监狱'，多达90头白鲸和11头虎鲸被关在一个海洋围场内准备卖给外国的海洋馆，据说买家正是中国的海洋馆。"2018年底的一则新闻让我的心头不禁一紧，这不会是我曾经见过的那些虎鲸吧？

2018年9月，重返俄罗斯远东地区的堪察加半岛，我的观鲸之旅升到了2.0版：由出海一日游升级到海上过夜。上一年出海时天气不好，小雨连绵，海上的能见度非常低，我连虎鲸的影子都没见到。于是，这次我和同伴们索性包了条船，来个"加长版"两日游。这是一条二手的日产双层游船，仅可容纳六七个人而已，底舱有上下铺的床位，船上有厨娘准备一日三餐。当地人喜欢包船出海过周末。然而由于海上风浪大，很少有外国游客选择这种方式出游，除了像我这样的狂热追鲸族。

随着远东地区旅游业的开放，越来越多的游客在夏季涌入这座仅18万人口的小城——堪察加的首府彼得罗巴甫洛夫斯克（Petropavlovsk）。这里是欧亚大陆的边缘，位于太平洋西岸，山海之间的生活原始而惬意。我住在朋友家的别墅里，房间面对阿瓦恰湾（Avachinskaya Bay），刚好可以看到壮观的维柳钦斯基火山（Vilyuchinsky Volcano）。在这个直通白令海的海湾中，部署着俄罗斯太平洋舰队的战略核潜艇，也活跃着北太平洋第一大虎鲸群。

天气不错，能见度很高，风平浪静，真是一个适合出海的好日子。随着港口在身后逐渐远去，海拔3456米的科里亚克火山（Koryaksky Volcano）从云中露出真容。完美的火山锥在奇幻的火山口云的笼罩下，如巨人般巍然耸立。我又一次踏入海角天涯，沐浴着略带寒意的海风，浑身说不出的畅快。相对于热带海洋的甜蜜，我更青睐北方大海的冷峻。

9月中旬，漂亮的簇羽海鹦（Tufted Puffin）的雏鸟已经离巢了，海面上可以见到不少亚成鸟。头上的"小辫子"和那张与身体不成比例的大花嘴是它的标志，"花魁鸟"的美名由此得来。船靠近了，它们便"噗哧"一下潜入水中。簇羽海鹦的体形娇小，飞行速度很快，经常与海鸠和海鸽混编同飞，掠过船舷，好一道美丽的海上风景！船行至"魔鬼手指"（Devil's Finger）附近，这是一块突兀的片状岩石。这种柱状玄武岩都是火山喷发的产物。崖壁上分布着成百上千个鸟巢，看起来好像人类的高层公寓。

岩石下的海水则是海葵、海胆、海星和各种鱼儿的天下。丰富的海产除了吸引来众多海鸟，还有海洋哺乳动物。几十头北海狮（Steller Sea Lion 或 Northern Sea Lion）聚集在通往俄罗斯湾（Russkaya Bay）入口处的"海狮岩"上，牢牢地占据着这块地盘。雌海狮在礁石上搔首弄姿，风雨也奈它无何。斑海豹懒洋洋地躺在礁石上，惬意的样子让人羡慕。

晚上，我们在俄罗斯湾停泊过夜，本想在岸上露营，但看到一头棕熊在海滩上走过，立刻打消了这个念头，还是睡在船上更安全些。午餐喝了三文鱼汤，下午又以蜘蛛蟹腿和新鲜海胆作为零食，晚餐则是煎三文鱼，这一天肚子里装满了各种海鲜。因为床位不够，船长让出了自己的卧室，我和向导达莉亚挤在一张不算大的床上。明天，我期待着能够见到北太平洋的虎鲸群。

第二天一早，船驶向更深的海湾。"今天有可能见到虎鲸吗？"早晨看着阴沉的天气，我担心地问船长。"虎鲸最喜欢这样的天气了，昨天虽然晴朗，虎鲸反而不活跃，因为海浪大。"果然如船长所说，40分钟之后，我们便发现了虎鲸群。它们喷着粗矮的水柱，背鳍很霸气地划过水面。雄性虎鲸的背鳍又长又挺拔，雌性的则较为短粗。虎鲸的鼻孔位于头顶右侧，有开关自如的活瓣。浮在水面时，活瓣打开呼吸，最长可闭气深潜15分钟。

船长关掉发动机，海面静寂无声。一头、两头、三头……很快视野里出现了更多的虎鲸，这是一个家族。最多的时候有八九头在我们的周围游弋，包括一对母子。好奇的虎鲸游近我们的船只，表演起了最拿手的浮窥。它们来去无声无息，刚在船的正前方露了个头，转眼间便游出一两千米远了。虎鲸平常的游速为6～7千米/小时，冲刺时速度可达48千米/小时。

如果你认为一支"虎鲸战斗队"出现在某个海域，想吃谁就吃谁，那就大错特错了，因为不是所有的虎鲸都有着彪悍的食谱。和加拿大的虎鲸一样，堪察加的虎鲸也分为居留型和过客型两类。前者常年在此地定居，占据了全部数量的85%，以鱼类为食；后者则是季节性路过此地，以捕食海洋哺乳动物为主，比如海豹和其他鲸类。有趣的是，两类虎鲸似乎都有意避开对方，即使偶尔遇见，前者也对后者保持应有的敬畏。这些"杀手"同类是非常危险的存在，据说研究人员曾观察到居留型虎鲸闪到一旁，给4头过客型虎鲸让路的场面。

眼前的这群属于居留型虎鲸，它们正在解决早餐，看样子一时半会儿不打算离去。这里的

北海狮盘踞在通往俄罗斯湾的"海狮岩"上

海水慷慨地提供了 32 种鱼类，常见的有鲑鱼、远东多线鱼、大比目鱼、鳕鱼等，都是居留型虎鲸的盘中餐。两头虎鲸很亲密地靠在一起游弋，不时触碰着对方的身体，这是联络感情的一种方式。虎鲸群由年长的雌鲸统领，雄性通常负责出去寻找食物，然后通报给群体，再一起行动。雄鲸一生不会离开母亲，偶尔会加入其他族群，但在交配完之后依然会回归自己的家庭。虎鲸家庭成员间的关系非常紧密，高度社会化。

这群虎鲸在距离岸边不远的海域觅食了一个多小时，我们正打算离开时，突然一头虎鲸在船头左侧从海中腾空跃起，落下时溅起大大的水花。上一次见到虎鲸跃出海面还是 10 个月前在南极半岛。很快，这头虎鲸又来了个漂亮的后空翻。估计是早餐吃饱了，它的心情不错。虎鲸群越来越活跃：它们侧着胸鳍拍击水面、跃身击浪。不知不觉间，一个上午过去了，我从未有过这么长时间追踪一群虎鲸的经历。

2019 年的夏天，我第三次来到堪察加半岛。8 月的阿瓦恰湾，虎鲸群的出没更加频繁。没想到一些人已将"魔爪"伸向了我心目中的这处安全港湾，好在普京直接下令将这个"鲸鱼监狱"中的所有"囚犯"放归自然。2019 年 6 月 27 日，两头虎鲸和 6 头白鲸被放归到鄂霍次克海。科学家跟随放生的虎鲸，发现它们游向了尚塔尔群岛（Shantar Islands）——之前被捕获的海域，总算回家了。

俄罗斯是全球唯一为海洋馆捕捉野生虎鲸的国家。这些海洋馆在利益的驱使下，购买鲸豚进行表演牟利，完全违背了生态规律。海洋馆只是展示物种之地，无法体现它们的自然行为。这些北太平洋虎鲸的生境是广阔的海洋，是在鄂霍次克海冰冷的水中。它们为求生存发展出多样的捕食策略和技巧，而不是成为只会顶球跳跃供人类娱乐的玩偶。一个对生命毫不尊重的地方如何对孩子们进行正确的生态教育？

虎鲸不会说话，那就让我替它说：请远离那些有虎鲸表演的海洋馆，因为没有买卖就没有伤害！

堪察加半岛虎鲸

北海道：深海来的"方头怪"

时　　间：2016 年 8 月
地　　点：知床半岛的罗臼（Rausu，Shiretoko Peninsula）
关键词：抹香鲸

　　初识抹香鲸这种来自深海的巨型齿鲸，竟然是在日本这个世界上最大的捕鲸、食鲸之国。2019 年，日本重启近海商业捕鲸活动，那些活跃在北海道周边海域的鲸要开始颤抖了吧？水面以下 2 千米的冰冷海底，或许才是地球给予抹香鲸的最温暖的家园。

▼ 抹香鲸翻尾时露出长长的笔直的尾骨

"台风马上要过来了。"北海道罗臼（Rausu）观光局的佐藤先生在电话里告诉我，"原定于后天的观鲸计划恐怕要取消了，所有的船都出不了海。"听到这个消息，我的心情非常沮丧：特意选择这个时间过来，就是为了看到抹香鲸（Sperm Whale）。

2016 年 8 月，这是我第四次也是唯一一次在夏季来到北海道。熟悉的罗臼港码头，来自鄂霍次克海的流冰已经消失得无影无踪，我记忆中的那个白色世界如今绿意盎然。自然界的主人也更替了。夏秋两季，北海道东边的根室海峡中常有鲸出没。附近的海域也成为亚洲少有的理想观鲸地。5 到 7 月是虎鲸的天下，8 月刚好是抹香鲸到访的时间。成群的鱿鱼引来体长可达 18 米的抹香鲸。这种以鱿鱼和大乌贼为食的深海鲸类有南北洄游的习性，是世界上最大的有齿动物。它们主要栖息在南、北纬 70° 之间的海域中。

在北海道原住民阿伊奴族的语言中，知床意为"天地的尽头"，这里是日本最后的秘境。知床半岛位于千岛火山带上，硫黄山等活火山形成的火山群绵延不绝，从半岛顶端的知床岬一直延伸到北海道腹地的大雪山系被称为知床连峰。罗臼岳为最高峰，海拔 1661 米。半岛的西海岸是连绵不断的悬崖绝壁，河流从高处直泻入海，形成一条条瀑布。丰富的海洋生态系统和完整的高山森林，使得知床半岛于 2005 年被列入世界自然遗产名录，是日本三大自然遗产地之一。

原定的观鲸船从罗臼港这个北海道最重要的渔港启航。附近海域物产丰富，从明治时代开始，根室海峡就以沿海捕鱼养殖为主。由于寒流和暖流的相互作用以及河流从陆地上带来的大量腐植质养分，鄂霍次克海和北太平洋的海水富含养分，大量生命在这片富庶的"海洋牧场"里繁殖生息，形成了著名的"北海道渔场"。

好在佐藤先生帮忙联系了一条当地的渔船，我们赶在台风来临的前一天提前出海。天空与大海灰蒙蒙一片，小雨逐渐变成大雨，眼看一场风暴即将到来。我们的船是海上唯一的船，出海没多久便看到一群鼠海豚在远处的海面上跳跃。渔船上配备了先进的声呐系统，方便捕捉鲸的"歌声"。很快，一个黑色的流线型身影出现在海面上，抹香鲸就这样安静地进入我们的视野。

关闭了渔船的发动机，我们在雨中和它并行漂浮在海面上。抹香鲸休息的时候会浮在水面上睡觉，睡得很沉，可以长达几小时。远远看去，它犹如一根巨大的漂流木。佐藤先生告诉我，有时候船只夜间在海上停航漂流，第二天会发现一头大鲸静静地睡在船的旁边。抹香鲸喜欢群居，它的血脉中有强者依附基因——主动依靠更强大的同类。夜间看到大船，它会以为这是比自己更大更厉害的同胞，就凑上去靠着睡了。听起来抹香鲸还真是些可爱单纯的"大块头"。

我们的到来似乎打扰了这头抹香鲸的美梦。它从海中抬起头看了我们一眼，那双小眼睛似乎有些惊讶。它的头部特别大，占了身体的三分之一，难怪又叫作"巨头鲸"。虽然抹香鲸具有动物界中最大的脑容量，尾部却又轻又小，而且无背鳍，这使得它的身躯好似一只大蝌蚪。它身体上的道道痕迹或许是和猎物（大王乌贼、大王酸浆鱿）搏斗时留下的，那些巨型章鱼临死前必然要经历一番惊心动魄的殊死缠斗。

海洋巨兽近在咫尺，一股水汽从它的鼻腔中以 45° 角向左前方呈树丛状喷出，急促有力地飞向半空中。原来抹香鲸的两个鼻孔中只有左侧的鼻孔用来呼吸，右侧鼻孔天生阻塞，这使得它在浮出水面呼吸时，总是身躯偏右。特殊的外形与喷气形状使其不易与其他大型鲸类混淆。接着抹香鲸甩动尾鳍，来了一个漂亮的翻尾，姿态挺拔优美，完全可以与座头鲸媲美。

翻尾意味着它要深潜了。抹香鲸具有超强的潜水能力，可下潜 2000 米，轻松屏气一个半小时。对于用肺呼吸的哺乳动物来说，潜入深海可不是一件容易的事，更不用说这么长时间了。更为神奇的是，它的体内还有鲸脑油和龙涎香两样奇珍异宝。尤其是后者，让抹香鲸在人类的眼中愈发"值钱"。龙涎香几乎是所有高级香水和化妆品中必不可少的配料，气味清灵温雅，其留香性和持久性更是其他香料无法比拟的，要比麝香高一倍。作为固体香料，龙涎香的香气可持续数百年，历史上流传有龙涎香"与日月共长久"的佳话。

龙涎香的形成却没有那么高雅，原本是抹香鲸肠内分泌物的干燥品。抹香鲸喜欢吃巨型章鱼和乌贼，这些动物坚硬的角喙可以抵御胃酸的侵蚀，如直接将其排出体外的话，势必割伤肠道。于是在千万年的演化中，抹香鲸慢慢适应了这种饮食特性。它的胆囊能够大量分泌胆固醇进入胃内将这些角喙包裹住，形成罕见的龙涎香，然后再将其从肠道排出体外。有的抹香鲸也会通过呕吐的方式排出"稀世香料"。

在鲸类家族中，能集巨大、凶猛和神秘于一身的当数抹香鲸，它曾经是大型鲸类中数量最多的一种，但因为自带"稀世香料"，捕鲸时期被视为头号目标。抹香鲸曾留下无数传奇故事，甚至被视为海洋"洪荒之力"的化身，如今却不幸成为濒危物种。

▼ 抹香鲸浮出水面时，可以清晰地看到它巨大的头部

斯里兰卡：请对蓝鲸温柔些

时　间：2017 年 1 月
地　点：美瑞莎（Mirissa）
关键词：蓝鲸

　　斯里兰卡观鲸中，我吐得七荤八素，对于航海经验丰富的我来说还是头一遭。每次吐完，蓝鲸都会现身，算是给我个安慰吧。然而，观鲸船的无序与粗野第一次让我对观鲸这种生态旅游感到一丝担忧。

▼ 斯里兰卡观鲸船追赶着蓝鲸

虽然我在极地航行中数次邂逅海洋中的"巨无霸"蓝鲸（Blue Whale），但从未近距离揭开过它神秘的面纱，直到 2017 年 1 月。时隔 8 年，重返美丽的佛国斯里兰卡，我来到西南部的海滨小城美瑞莎。这里被海洋研究学者和动物保护组织誉为全球最佳蓝鲸观测点之一，全年都可以看到蓝鲸，尤其是 12 月至次年 4 月的早季，海浪平缓，更适宜出海观鲸。

　　作为世界上最大的动物，成年蓝鲸的体长超过 30 米，重达 200 吨以上。这样的庞然大物栖息的海域水深须超过1000 米，在近岸浅海上自然难得一见，但有一处例外，那就是斯里兰卡。斯里兰卡的大陆架极窄，距离海岸 40 千米之外便是深海区。冬季，南半球的海洋动物由南向北迁徙，这里温暖安全的海域和丰富的微生物为它们提供了理想的栖息地和丰富的食物，非常适合繁衍后代。

　　蓝鲸有 4 个亚种：北大西洋和北太平洋中的北蓝鲸、南冰洋中的南蓝鲸、印度洋蓝鲸和小蓝鲸（侏儒蓝鲸）。分布于斯里兰卡的是蓝鲸中体形最小的侏儒蓝鲸，但体长也在 20 米左右。除了蓝鲸，在这片海域还可以见到布氏鲸、领航鲸、抹香鲸和虎鲸等洄游型鲸类。

　　南亚冬日的清晨十分凉爽，早晨不到 7 点，码头上就已经热闹起来。除了渔船，便是一艘挨着一艘的观鲸船，一眼望去有十几艘之多。两层的观鲸船可以乘坐 80 ～ 100 人。上船后，船员递给我一个黑色塑料袋。"干什么用？"我问。"呕吐袋。"船员回答。我很自信地摆摆手，说："我不晕船。"在这些年的极地海上航行中，我已经锻炼出来了，什么大风大浪没见过。但是，此后发生的事情就比较尴尬了，我用了不止一个塑料袋。

　　"请问我们看到鲸的概率是多大？"开船前，一个国内来的女孩子问船员。这些年来斯里兰卡旅游的中国游客的数量增长得很快，船上八成客人都是中国人。"98% 吧。"船员很轻松地回答。那个女孩子很满意地回到座位上。后来事实证实船员说得没错，但这个女孩子在蓝鲸出现前就已经晕得不省人事了，始终趴在座位上，连头都抬不起来。我理解船员说的 2% 应该是这种情况。

　　驶出海湾后不久，浪明显大了起来。船速很快，我本来待在视野更好的二层，由于摇晃得厉害，觉得不太安全，便回到一楼。刚坐下，一个大浪打过来，我只觉得胃里一阵翻滚，急忙抓起塑料袋大口吐起来。吐完后刚感觉舒服些，便听到广播说蓝鲸出现了，我抓起相机冲到船头，在剧烈的摇晃中，看到了波涛中露出的灰黑色脊背。然而这时，观鲸船不仅没有减速，反而加速冲了过去。通常发现鲸时，观鲸船的正确做法应该是减速并与鲸平行前进，距离较近时必须熄火，以防止撞伤鲸。这一次，观鲸船径直冲向鲸不说，还毫无顾忌地从正面拦住了鲸的去路。周围已经汇集了十几艘观鲸船，蓝鲸被包围了，它无论从哪儿露出海面，都会被围追堵截，蓝鲸不得不一次次下潜摆脱。

　　我站在摇晃的船头勉强拍了几张照片，看到蓝鲸消失后便回到舱内，刚坐下又开始吐起来。这时船舱里一多半的人都倒下了，我第一次见到有外国游客直接躺倒，全程躺在船上准备的简易床上。而同行的朋友也早已吐得失去了观鲸的兴趣，海浪大是一个原因，船加速追赶鲸又使得摇晃更加剧烈。

▲ 秀气的鲸尾

在长达 4 小时的航行中，人和鲸都筋疲力尽，不得不承认，这是一次令人沮丧的观鲸之旅。如果所有观鲸船都以这种截胡的方式争先恐后地接近鲸，就完全背离了生态旅游的原则。回来翻看照片，发现可怜的蓝鲸身上有不少划痕。在未来的日子里，受伤的蓝鲸会一直承受着伤痛，如果伤口不能及时愈合，它就只能在漫长的折磨中等待死亡。想到这里，我的心中万分难过，仿佛自己也是加害者。不仅如此，由于鲸的回声定位系统特别发达，听觉是它用来导航、觅食与交流的工具，而观鲸船不仅没有关掉发动机，还加速开过去，噪声会严重影响它的听力。这次经历让我开始反思商业观鲸活动给鲸带来的负面影响。

观鲸活动最早于 20 世纪 50 年代兴起于加利福尼亚。美国在 19 世纪专注捕鲸业，150 年后却又迷恋上了观鲸，催生了商业观鲸产业。到了 20 世纪 80 年代后期，新西兰、澳大利亚、美国、加拿大等国政府通过立法和发放喂食许可的方式，进一步推动观鲸生态旅游业的发展。随之而来的巨大经济收入使得越来越多的国家和地区开始开展观鲸旅游，全球一年观鲸的商业价值高达 10 亿美元。观鲸带来了利润，也提高了人们的保护意识，越来越多的人支持禁止商业捕杀鲸类的行为，实现了生物保护与经济发展的双赢。

然而，随着观鲸旅游人数的急速增长，某些国家的观鲸业无序发展。有限区域内的观鲸船过于集中，导致人鲸冲突，为观鲸旅游带来负面影响。在这方面，加拿大、冰岛、阿根廷还有马达加斯加都做得很不错，我只看到斯里兰卡这一个负面案例。幸而在环保组织的压力下，在同为观鲸胜地的东部海港亭可马里（Trincomalee），观鲸业者协会于 2018 年出台了《观鲸公约》，要求所有船工在船业工会的组织下签署《观鲸协定》，对船与鲸之间的最小距离、船只速度以及禁止进入的区域等一一加以限制。蓝鲸，希望你从此后被温柔善待。

出海观鲸与参观海洋馆的感受截然不同，寻鲸过程刺激惊险，能真正让你融入大自然，释放压力。然而，在这里，鲸和人之间的关系是平等的。人们需要考虑如何与鲸友好相处，成为负责任的海洋旅行者。这才是现代观鲸业的基础所在，否则与饲养鲸豚牟利的海洋馆又有多大区别呢？

中国台湾：对面的海豚看过来

时　间：2019 年 8 月
地　点：花莲、宜兰
关键词：宽吻海豚

　　台湾的观鲸对象主要是海豚，大型鲸类的目击概率较低。但观鲸团的附加值很高：壮观的太平洋日出，活火山岛的绮丽风光，这些都是在别处难得一见的风景。加上与当地海洋生态领军人物和社团组织的交流，我对这片海域有了更多的认识。

▼ 台湾宜兰附近龟山岛海域的观鲸游览深受游客欢迎

　　这些年奔波在世界各地观鲸，却忽略了距离我最近的地方：台湾。

　　台湾四面环海，黑潮（日本暖流）流经东部沿岸，顺着暖流而来的丰富鱼类吸引了多达31种鲸豚出没。花莲附近的海域位于黑潮与近岸流的交界处，两流相激带出海底的有机物质，加上深邃多样的海底地形，鲸豚活动频繁。位于花莲南方64千米处的石梯渔港是台湾观鲸的发源地，1997年第一艘观鲸船"海鲸号"正是从这里首航。

　　2018年8月，我在台湾观鲸的最佳季节来到花莲。热情的台湾友人推荐了多罗满公司，这是最早在花莲开展生态观鲸业务的公司。自1998年起，多罗满就与从事台湾东部海域研究的黑潮海洋文教基金会合作，由基金会的志愿者提供专业解说服务，观鲸收入的一部分也捐给基金会用于海洋保护和研究工作。如果一个地区或者领域有多家供应商可以选择的话，我通常会挑选这类带有公益性质的商家。

　　上船之前，我们先来到多罗满公司的总部，听工作人员讲解观鲸注意事项和相关知识。我看到墙上贴着的观鲸信息通报，前一周的目击报告全部是海豚科，没有大型鲸类。清晨6点，"多罗满Ⅰ号"观鲸船准时从花莲渔港休闲码头出发，这是台湾第一座观光渔船专用码头。非常幸运，今天早上的第一个航次便由台湾观鲸业的开创者、黑潮海洋文教基金会的创会董事长、海洋文学作家廖鸿基先生亲自担任讲解，而且这个航次还可以欣赏到太平洋的海上日出和清水断崖的壮丽风光。

　　破晓时分，码头上的红色灯塔目送我们驶向大海。在接下来的一小时的航行中，我见证了天空由群星闪烁到晨曦微露，再到海平面上的云层镶嵌上金边，最后一轮红日活泼泼地从云层后跳出来，喷薄而出的金光黯淡了朝霞的颜色。海浪像调皮的孩子，借着风卷起海面上细碎的阳光，愈跑愈远。每个人心底都有一片海吧！那里隔绝了尘世的喧扰、复杂、纠缠，只有无边无际的蓝和无边无际的宁静，就像眼前此刻我所感受到的。

　　耳边传来廖鸿基先生温和的声音，他满怀深情地介绍这个海域的鲸，以及我们所见风景背后的历史。蔚蓝的天空下，苍翠险峻的山崖出现在船的正前方，位于清水山东南侧的这段5千米长的临海大断崖呈90°角直插太平洋，高度在800米以上。太鲁阁峡谷与清水断崖山水相连，虽然6年前曾到访过那里，但今天我还是第一次从海上欣赏壁立千仞的壮观风景，连绵的海岸山脉与黑潮交织而成的生态环境令人印象深刻。

　　由于观鲸船的活动范围局限在沿岸6~9千米，这个区域内以中小型鲸豚最为常见，例如宽吻海豚、飞旋原海豚、点斑原海豚、弗氏海豚、伪虎鲸、领航鲸等。大型鲸多在离岸18千米以外的海域活动，随季节变化出没，目击概率只有10%~20%。今天的海上十分平静，在航行的两小时里，只在最后10分钟出现了几条宽吻海豚的身影。好在看到了壮丽的海上日出，也算不虚此行。

　　航行结束后，我特意找到廖鸿基先生做了个小采访。虽然已经是享誉宝岛的海洋文学作家

▲ 在快速游动中完成交配的宽吻海豚

和环保人士了，但廖先生为人谦虚低调。他是花莲本地人，35 岁时成为"讨海人"。"讨海"者，顾名思义，以捕鱼为业。最初他在海上作业时经常遇见鲸豚，廖先生发现台湾对于这些海洋生物没有任何数据统计和研究。于是，从 1996 年开始，他组织寻鲸小组，在花莲海域从事鲸豚生态观察工作并担任海洋生态解说员。1998 年，他发起成立黑潮海洋文教基金会并出任该

基金会的董事长，致力于鲸豚、海洋生态保护以及文化传播工作。2003 年，他组织黑潮成员走访了全台湾约 30 座港口，留下大量的文字及影像记录。他现在退居幕后，全力进行生态文学创作，也经常参与很多公益活动，包括不定期担任观鲸船的讲解员。

我决定去拜访一下黑潮海洋文教基金会这个台湾最早进行鲸豚调查和保护的民间组织。在花莲市内一条僻静的街巷边，我找到了基金会。说明来意后，工作人员热情地向我介绍了他们年初刚刚完成的"岛航"项目。在这次环岛航行中，除了常规的海上鲸豚调研外，他们还采样检测了海洋废弃物及塑胶微粒、水下声音及噪声、海水溶氧量等。结果并不乐观，调查发现台湾海域布满了塑料微粒。看着从大海中搜集到的塑料样品，我的心情不由得沉重起来。这些进入海洋的垃圾被鱼类吞下后，最终又会回到人类的餐桌上，谁也不能独善其身。

由于台风来袭，我在花莲预订的第二次出海计划被取消，决定转到宜兰继续观鲸行程。宜兰也位于黑潮及本岛河流的交汇处，同样有季节性的洄游鱼群，是台湾三大渔场之一，也是鲸豚必经之路。观鲸季从 4 月开始，一直持续至 9 月底，其余时间海浪较大，不宜出海。

观鲸船从乌石港出发，码头上热闹非凡，旅游团特别多。很明显，宜兰观鲸业的商业化运作更成熟。开出去约 30 分钟便来到龟山岛附近，这是台湾地区唯一的活火山，状如乌龟的龟山岛匍匐在蔚蓝色的海面上。前方报告出现了海豚，船只立刻加快速度赶过去。果然，海面上出现了 20 多条宽吻海豚，四周都是它们欢快的身影。

船只减慢速度，停泊在这片海域上。附近还有两艘观鲸船，但都和海豚保持一定的距离。只见几条海豚挤在一起拱来拱去。"它们在'抢亲'，就是几条雄海豚追逐一条雌海豚。"向导笑着解释道。我第一次拍到海豚交配，由于海豚的生殖裂在腹侧，因此交配时通常采用面对面的体位，腹部相对，雄性在上，雌性在下。在快速游动中交配的过程极其短暂，仅几秒钟而已。8 月已经过了繁殖期，但宽吻海豚仍在结群追逐交配。

宜兰的观鲸活动井然有序。为了保证游客们不失望而回，每天凌晨 5 点多便有专门的搜

索船出海寻觅鲸豚的踪迹，然后将消息通告给其他船。一直到下午最后一艘观鲸船离开后，搜索船才返回。这时又有两艘观鲸船过来了。"为了不给海豚造成压力，我们需要离开了。"于是大家挥手和海豚们说再见。虽然时间短暂，但观鲸船轮流观赏而不是一拥而上，还是值得称赞的。

"龟山岛是宜兰人的精神地标，看到它就知道到家了。"陪同我的观鲸公司老板林先生充满深情地说。对于栖息在此的海豚，这里也是它们的家园。如果人与海洋生物之间都可以做到如此良性互动，共享一个家园不是梦。

附：关于黑潮

日本暖流又叫"黑潮"，是全球第二大暖流，居墨西哥湾暖流之后。作为北太平洋西部流势最强的暖流，黑潮为北赤道暖流在菲律宾群岛东岸向北转向而形成，自菲律宾开始，穿过中国台湾东部海域，沿着日本往东北方向流去，在与千岛寒流（又称为亲潮）相遇后汇入东向洋流。黑潮将来自热带的温暖海水带往寒冷的北极海域，将冰冷的极地海水温暖成适合生命生存的温度。黑潮得名于其比其他正常海水的颜色深，这是由于黑潮内所含的杂质较少，阳光穿过水表后，较少被反射回水面。黑潮的流速相当快，可为洄游性鱼类提供一条快速便捷的路径，向北方前进。因此，在黑潮流域可捕捉到为数可观的洄游性鱼类，以及其他被这些鱼类吸引过来觅食的大型鱼类。

扫码观看

龟山岛海域的海豚

马达加斯加：座头鲸飞舞印度洋

时　间：2018 年 7 月、2019 年 7 月
地　点：依法提（Ifaty）
　　　　诺西贝岛（Nosy Be Island）
　　　　圣玛丽岛（Sainte Marie Island）
关键词：座头鲸

　　观过鲸的人都知道，遇见鲸并非难事，但要拍到它跃身出海的场景，就需要超好的运气了。马达加斯加就是这样的一个福地，在观鲸季，基本上没有空手而归的摄影师。

▼ 马达加斯加西部近岸处，一头年轻的雄性座头鲸背跃出水

马达加斯加（简称马岛）是公认的印度洋最佳观鲸地之一，尤其是座头鲸。每年 7 到 9 月，正是它离开寒冷的南极水域，向北洄游到马岛附近的温暖海域进行交配和产崽的时间。座头鲸群在这里兵分两路：一路沿着马岛的西海岸北上，到达诺西贝岛（Nosy Be Island）附近；另一路沿着东海岸来到圣玛丽岛（Sainte Marie Island）和安通吉尔湾（Antongil Bay）。在这个季节，座头鲸出没频繁的水域覆盖了马岛周边海域。除了上述地区，马任加（Majunga）、图里亚（Tuléar）、多凡堡（Fort Dauphin）和马鲁安采特拉（Maroantsetra）也都是不错的观鲸地。

2018 年 7 月，飞抵西部重镇图里亚后，我驱车来到 30 千米外的依法提（Ifaty）。这座海滨小城旅游设施完善，附近海域水质纯净，海底世界绚丽多彩，被认为是马岛最佳潜水地之一，可以提供帆船、冲浪、潜水、海钓等活动，甚至还有一个海上户外活动中心。我们预订了出海观鲸快艇，老板是法国人，亲自开船。这里的很多旅游设施都由法国人经营，作为前宗主国，虽然在马达加斯加殖民统治的时间还不到 100 年（1885—1960），但法国的影响力持续至今，也是马达加斯加第一大旅游客源国。

出海后不久，我们便发现了 3 头座头鲸。其中一头年轻的鲸非常活跃，三番五次跃出水面，是为了向雌性展示其力量吗？有一次，它甚至就在一条捕鱼的独木舟旁跃出，让人为船上的渔民捏了把汗。不过当地人见多了这样的场面，个个都十分淡定。虽然我不是第一次见到座头鲸"背飞"，但从未如此近距离地看到过。这头长达 15 米、重达二三十吨的庞然大物为了求偶，频繁出水，每一次飞跃都要消耗不少体力。

座头鲸是这些年我拍摄过的最多的鲸，它翻尾的动作优美舒展，溅起的水花如串串珠帘，比其他鲸更喜欢跃出水面。鲸的跳跃分"腹拍式"和"直冲式"两种。前者的脊背始终向上，腹部落水；后者从水中竖直跃出，背部落水，我称之为"背飞"，这种姿势最酷。然而，由于无法判断它从哪里出水，加上整个过程只有几秒时间，抓拍难度相当大。等看见以后再举起相机，多半只能拍到落下时溅起的巨大水花了。

我抓紧相机，半按快门，全神贯注地盯着海面。终于，机会来了。百米开外，一头座头鲸侧身跃出海面，身体扭转 180°。来不及调整构图，我当机立断按下连拍快门，拍下了第一张清楚的"背飞"照片。虽然这头鲸没有全身出水，但头部的节瘤和延伸至腹部的褶皱清晰可见。

一年后，我又专程来到东部的圣玛丽岛，这里是马岛最早开展观鲸旅游的地方。7 到 9 月间，两三千头座头鲸会洄游到圣玛丽岛进行繁殖。为此，圣玛丽岛每年都会举办观鲸节，庆祝座头鲸的回归。此刻，码头上已经热闹非凡，盛装游行的队伍刚好经过。十几辆花车挤满了狭窄的街道，花车上的座头鲸有用纸糊的，也有用草编的，更有用废弃的可乐瓶搭起的。这届观鲸节好节俭啊！但是，人们的欢乐并没有"缩水"，盛装出游的大人孩子尽情地享受着节日的欢乐。草坪上搭起了舞台，音乐会、沙滩派对、工艺品摊都是节日的标配。

重头戏自然是出海观鲸。酒店有自己的小艇，还配备了驻店观鲸员。观鲸员卡罗琳是一

▲ 圣玛丽岛观鲸节

位 20 多岁的法国姑娘，她在上船前先向我们讲解注意事项："发现鲸后，观鲸船要放慢速度和它平行行驶。遇到带着幼鲸的雌鲸时，保持 200 ~ 300 米的观察距离，不可以进入 100 米的安全警戒范围。"我第一次在观鲸活动中听到如此详细的说明，和这里是座头鲸的繁殖地有很大关系。

圣玛丽岛的观鲸游览规范有序得益于一个民间环保组织：CETAMAGA。这个致力于保护和研究印度洋哺乳动物的非营利机构由本地人于 2009 年创立，该组织在开展一系列海洋调研的同时，还协助外国游客观鲸游览，在当地享有很高的声誉。卡罗琳正是 CETAMAGA 的志愿者，今年她和其他来自不同国家的 11 位志愿者被随机分配到圣玛丽岛的各个酒店、民宿，担任为期 3 个月的观鲸员。他们一方面搜集座头鲸数据，另一方面在观鲸活动中引导和帮助游客。

观鲸船很小，但浪不小，海浪劈头盖脸地打在身上，瞬间每个人都成了一条"咸鱼"。海上偶尔积聚起几片不成气候的云，飘过来下一场轻描淡写的雨。然而越是阴天，鲸越活跃。出海没多久，座头鲸就现身了。一头鲸突然从两艘小船间的水中笔直冲向天空。我还没回过神，另一头又从海底弹射而出。几分钟内，我们见到了七八次座头鲸飞跃出水的场景，但成功拍下的只有一次。那是一头五六岁的年轻座头鲸，头部正对着我们，来了一个完美的"背飞"，舒展着"大翅"，矫健的脊背黝黑发亮，充满活力，让人赞叹不已。

卡罗琳拿出水听器，"你听过座头鲸唱歌吗？""哦，我去年在诺西贝岛观鲸时听过。"她连接了扩音器，把水听器放入海中。很快，海面下传来了座头鲸的歌声，低沉悠扬。在那个人类知之甚少的世界，它想要表达什么呢？

每天卡罗琳和同伴都会记录下座头鲸的数量和出没水域。一个观鲸季下来，这些数据经过分析汇总，便可以反映这一年鲸洄游的状况。"今年不太理想，座头鲸的数量少了很多，原因不明。"她通过拍摄的图片辨别每头鲸，甚至有张刚出生的鲸宝宝被妈妈托出水面呼吸第一口新鲜空气的照片。能捕捉到这样罕见的场景令人羡慕。

"当地人从数百年前便视圣玛丽岛为圣地，渔民从不捕杀鲸，海盗们也是如此。"卡罗琳告诉我。圣玛丽岛，从 17 世纪中期开始成为海盗们的藏身地，到 18 世纪初已经有上千名海盗在岛上定居，与当地人和平共处。至今海盗公墓还是岛上的旅游景点之一。海盗与鲸共同成为圣玛丽岛的标志，只是前者已成为历史，后者却年复一年造访这里。

▼ "海中巨兽"跃出水面的瞬间颇为壮观

圣玛丽岛附近海域是座头鲸的交配繁殖地，在求偶季经常可以见到它们跃出海面

南非：赫曼纽斯的"报鲸人"

时　　间：2019 年 6 月
地　　点：赫曼纽斯（Hermanus）
关键词：南露脊鲸

　　在南非小城赫曼纽斯的海边，我站在悬崖顶部，看着海浪拍打礁石激起的阵阵浪花，想象着一个月后沃克湾里挤满了雌鲸和幼鲸的壮观场景。7 到 10 月，这里因为大批南露脊鲸的到来被誉为"世界最佳陆上观鲸地"。而独一无二的"报鲸人"这个角色更让赫曼纽斯拥有了自己独特的观鲸文化。

▼ 南露脊鲸在赫曼纽斯近岸处游弋

海上观鲸多年，我从未想过还有不用出海、可以直接在岸上观鲸的地方，直到来到南非的赫曼纽斯（Hermanus）。这里是距非洲大陆最南端厄加勒斯角（Cape Agulhas）130 千米的一个海边小镇。印度洋和大西洋的两大洋流在赫曼纽斯附近海域交汇，带来大量的鱼虾，也吸引来大批鲸群。

每年 7 到 11 月，3000 ~ 4000 头南露脊鲸离开南极水域，浩浩荡荡地向北迁徙至西开普省，赫曼纽斯沿岸海域正是它们理想的交配和哺育幼鲸的逾冬地。8 月，雌鲸产下幼崽，幼鲸会在近海沿岸活动，有时距离岸边不过几十米。那时你只需站在岸上，甚至从酒店的房间里就能够看到这些身躯庞大、性格温柔的"客人"在休憩或嬉戏。赫曼纽斯的沃克湾（Walker Bay）也因此成为全球最佳陆上观鲸地。

2019 年 6 月底，完成博茨瓦纳和纳米比亚的行程后，我途经南非回国，决定前往赫曼纽斯碰碰运气。虽然观鲸季尚未开始，但我依旧希望感受一下那里不同寻常的氛围。小镇不大，我在海边找了家酒店住下，距离码头步行只需十几分钟。这个时间游客不多，街道和海边都很安静。

第二天一早，观鲸船准时出发。驶出码头后才 5 分钟，南露脊鲸就现身了。这是一头年轻的雌鲸，独自在海中游弋。向导开玩笑说它在寻觅"情郎"，然而雄鲸们还没有回来，它只能百无聊赖地等待着。除了南露脊鲸，座头鲸也会离开莫桑比克和安哥拉的热带海域，集体向南迁徙到南非海岸附近。布氏鲸和虎鲸更是赫曼纽斯的常客，一年四季都可以见到。从南非德班到开普敦连绵近 2000 千米的海岸线上，据说能看到多达 37 种鲸豚。

赫曼纽斯还是世界上唯一拥有"报鲸人"的地方。6 到 12 月，"报鲸人"会在上午 10 点到下午 4 点之间沿着沃克湾的海岸巡视，看到鲸时便吹响巨型号角，通知人们迎接鲸群的到来。这种形状奇特的号角是用巨型海草的管状茎晒干后制成的，海岸边到处都生长着这种海草，不过吹起来还真需要些技巧。

"报鲸人"是如何产生的？这还要从 1991 年的一天说起。一位旅游者走进赫曼纽斯的游客中心，欣喜地说他刚刚看到了鲸。在场的一家旅行社的经理吉姆灵机一动，鲸出现的时候为何不向公众告之呢？一开始，他让家人去当地的广播电台通报鲸的信息，后来提议设立专门的"报鲸人"这个职务，类似于英国的"街头公告员"。起源于中世纪的"街头公告员"一手摇铃，一手拿着一纸文书，口中喊着"肃静，肃静"，然后开始宣布重大消息。今天英国皇室发布重要消息（比如某位小王子诞生）时，依然会通过身穿 18 世纪服装的"街头公告员"来宣布。南非作为英联邦成员，对此自然不陌生。于是"报鲸人"正式上岗，通过号角的声音来告之发现的是座头鲸、南露脊鲸还是布氏鲸。

1992 年 8 月，第一位"报鲸人"彼得·克莱森斯吹响了号角，通知人们鲸出现的方向和数量。彼得曾在老码头上工作，那时他丝毫没有意识到在接下来的一年中自己会名声大振。刚

▲ 南露脊鲸幼鲸

开始，"报鲸人"那身奇异滑稽的装束引来了不少嘲笑。然而，彼得凭借丰富的知识和面对小镇居民的嘲讽捉弄时毫不动摇的心态，很快赢得了游客们的认可，甚至引来不少国外媒体的采访报道。他的名气从开普敦传到约翰内斯堡，后来又传到了英国。第二年，彼得受邀作为荣誉嘉宾参加在英国托普瑟姆（Topsham）举行的年度"街头公告员"大赛，带领游行队伍进行街道巡游，出尽了风头。

从此，"报鲸人"成为赫曼纽斯街头的一道风景。彼得退休后，接替他的威尔森也颇受游客欢迎，甚至成为照片上出现次数仅次于南非国父曼德拉的南非人。8 年来，他孜孜不倦地向蜂拥而至的游客介绍鲸的知识和赫曼纽斯这座小城，为当地旅游宣传做出了很大贡献。威尔森之后的继任者高莱克则赋予了这个职位更大的魅力。平易近人的性格与友善的微笑，让他成为一个快乐的"报鲸人"。然而，这份工作带来的压力使得高莱克没有在这个职位上坚持很久。2008 年 9 月，帕西卡暂时接替工作，披上"报鲸人"的斗篷。他的胸前挂着一块牌子，上面记录了当天出现的鲸的种类和数量，一目了然。当帕西卡于 2011 年退休时，他将这个职位留给了同样对鲸充满激情的埃里克。埃里克改变了号角的吹响方式，将前任使用的"莫尔斯电码"改成一道长鸣来通报鲸的出现，简单有效。即使不是观鲸季，埃里克也会出现在赫曼纽斯的游客中心为大家服务。看得出，他很享受这份工作带来的快乐和满足。

除了"报鲸人"，每年 9 月底，赫曼纽斯还会举办观鲸节，这是南非唯一的环境艺术节日。从南非回来 3 个月后，我读到这样一条消息："2019 年 9 月 27 至 29 日的观鲸节吸引了 8 万多名游客前来，然而从日出等到日落，大家期待的大批鲸群都没有出现。由于气候变化导致洋流温度变化，食物减少，迁徙途中没有足够的食物，今年从南极迁徙至南非的鲸的数量大幅减少。南露脊鲸对环境变化非常敏感，极易受到伤害。不少鲸还死于过往船只的猛烈碰撞、钓丝缠绕、觅食区域的污染等。"意识到问题所在，南非政府开始行动了。自 2019 年 11 月起，为保护鲸类等大型海洋哺乳类动物，沿海地区的章鱼捕捞活动将全面暂停。

毕竟有鲸才有"报鲸人"，才有号角声带来的"鲸"喜！

南露脊鲸

印度洋：微笑与旋转的天使

时　　间：2011 年 7 月、2013 年 3 月、2018 年 8 月
地　　点：毛里求斯的塔马兰（Tamarin）
　　　　　马达加斯加的诺西贝岛（Nosy Be Island）
关键词：宽吻海豚、长吻原海豚

　　每当看到人们跳入温暖的印度洋，与海豚共享一片蔚蓝，不会游泳的我只能羡慕地用镜头记录下这些富有治愈效果的画面。

▼ 宽吻海豚常年活跃在毛里求斯莫纳山下的塔马兰海湾

毛里求斯这座印度洋上的度假海岛，除了巨大的象龟，最让我难忘的莫过于那里的海豚了。位于岛西南部的塔马兰有个"海豚湾"，一个大型海豚群落常年定居在此。由于受到保护，它们与人类相处得十分融洽。与可爱的宽吻海豚共同畅游大海，已经成为毛里求斯最受游客欢迎的观光项目了。

　　海豚的作息很规律，每天早晨它们准时前往潟湖浅海处觅食，上午10点左右返回深海，7到10点便是观赏海豚的最佳时间。除了提供游船服务的数家旅行公司，我下榻的莫纳山丽世度假村也有专门的小艇送客人前往。早上，和我一起出海的3个法国客人早早地换好了泳装，看样子他们准备和海豚一比身手了，而我这个"旱鸭子"只有羡慕的份儿。

　　15分钟后，我们驶入一处湛蓝的海湾。风平浪静，海湾里已经停了十几条双体船。很快，第一群（五六条）海豚出现在视野中。这些可爱的宽吻海豚得名于较短的吻突和较低、较长的下颌，看起来就像挂着永恒的微笑。作为体形最大的海豚之一，雄性宽吻海豚的体长可达3米，体重达300千克，背部呈深灰色，腹部则是白色或粉色。宽吻海豚的知名度很高，这要归功于它的分布区域广阔：在全球热带至温带的温暖海域，几乎所有的近岸浅水区域都可见。这种海豚生性活泼，适合人工驯化，深受海洋馆欢迎。

　　此刻，人们早已按捺不住，纷纷下水。不过海豚还真没把"对手"放在眼里，它的游速可以轻松达到40千米/小时，冲刺时可达75千米/小时，让人类望尘莫及。一条宽吻海豚被一个浮潜者的"玩具"——红色浮标吸引过去，另一条还试图用背鳍或胸鳍顶它。这场人豚嬉戏持续了一个多小时，它们才游走。

与海豚同游深受游客欢迎

在印度洋海域近岸常见的海豚中，除了宽吻海豚，还有长吻原海豚（Spinner Dolphin）。两者除了都喜欢随船乘波逐浪、跳跃嬉戏外，还各怀绝技。诺西贝岛是马岛最受欢迎的休闲度假胜地，也是著名的观鲸胜地。这次出海，我只见到了一头座头鲸，倒是一群长吻原海豚让我大开眼界。

四五十条长吻原海豚在船头和船的两侧冲浪。它的吻突细长，甚至可以达到体长的十分之一，为原海豚属中最长者；额隆不高，平缓地向头后延伸，吻与额的界限明显。它喜欢温暖的海域，分布在南、北纬 40° 之间。鲸豚中有不少擅长跃出水面的高手，长吻原海豚又被称作"飞旋海豚"，肯定是这方面的行家了。只见一条小长吻原海豚蹿出海面，以身体的轴线为中心，在不到两秒的时间里完成了六七次旋转，犹如电钻一般，然后以一个漂亮的后空翻入水。我从未见过如此惊人的空中旋转动作，太不可思议了。

长吻原海豚为何会频频跳出水面，并在空中旋转？向导解释说，有时候是为了甩掉身上的寄生物，有时是为了求偶，或者觅食。海豚主要以海洋中上层的鱼类、鱿鱼和小型甲壳类动物为食。它以体侧击水，再用尾部击浪，此举是为了驱逐鱼群进入队伍中央，也用来告诉同伴食饵所在的位置。在高空中翻转、扭体、转身的动作则在进食后常见。海豚在水中时受到的阻力较大，无法完成快速旋转，一旦跳出水面，空气阻力比水中要小许多，故可以完成高难度的动作。经常一条带头，其余群起效尤。

虽然海豚在漫长的演化过程中拥有了游泳健将的完美体形，然而游动时总会形成一些小漩涡影响游速。海豚滑溜溜的皮肤并不是紧绷着的，而是富有弹性。游动时皮肤收缩，上面形成很多小坑，可以把水存进来。这样，在身体的周围就形成了一层"水罩"。当海豚快速游动时，"水罩"包裹住它的身体。借助于这个保护层，几乎不会产生摩擦力，也不会形成漩涡。它在游泳过程中有时会闭上一只眼睛。原来这是海豚特殊的休息方式：左右两边的脑部轮流睡觉。

身为海洋哺乳动物中种类最多的一个科，海豚科共有 17 属 37 种。和人类一样，海豚属于恒温哺乳动物，环境适应能力很强，具有高度社会性，寿命一般在 20 岁以上，宽吻海豚可以活到三四十岁（雌性平均为 40 岁，雄性平均为 30 岁）。然而，目前包括宽吻海豚在内的所有鲸目动物都没有实现健康的人工饲养，几乎所有海洋馆内的哺乳动物都面临巨大的精神压力和寿命显著缩短的问题。你在海洋馆中看到的宽吻海豚的笑容，恐怕是最大的谎言了。

我最后一次观赏鲸豚表演是在 7 年前的温哥华水族馆。这些年来，随着对它们的了解越来越多，我越发抵制这样的演出。还记得《大鱼海棠》吗？开片第一句便是"有的鱼是永远都关不住的，因为它属于天空"。海豚，这些微笑与旋转的天使有着孩子般的娇憨和玲珑心智。如果你看到长吻原海豚在广阔的大海里飞旋，那才是真正的"生命之舞"。

尊重生命，敬畏自然，是人类永远需要学习的课题。

扫码观看

长吻飞旋原海豚